普通高等教育“十四五”规划教材

普通高等教育“十三五”规划教材

定量分析化学实验

饶震红　赵士铎　主编

中国农业大学出版社

·北京·

内 容 简 介

本书是根据教学需要，在总结多年的教学经验基础上，以强化基础、培养技术、锻炼思维为主线，配合中国农业大学张莉、赵士铎主编的《定量分析简明教程（第 3 版）》而编写的配套教材，适用于高等农林院校分析化学课程的教学。

本书主要内容包括：定量分析实验基础知识、常用仪器和基本技能介绍、定量分析基础实验、综合与设计实验 5 个部分，提供了 25 个基础实验和 8 个设计性实验，可根据不同层次和要求实施教学。对于重要的基本操作、常用仪器的使用，不仅给出了详细的文字和插图说明，还录制了相关视频并以二维码形式呈现，供读者学习与参考。

图书在版编目(CIP)数据

定量分析化学实验/饶震红，赵士铎主编. —北京：中国农业大学出版社，2019.6（2024.8 重印）

ISBN 978-7-5655-2235-2

Ⅰ.①定… Ⅱ.①饶…②赵… Ⅲ.①定量分析-化学实验-高等学校-教材 Ⅳ.①O655-33

中国版本图书馆 CIP 数据核字(2019)第 131280 号

书　　名 定量分析化学实验

作　　者 饶震红　赵士铎　主编

策划编辑 张秀环　孙　勇　潘晓丽　　**责任编辑** 潘晓丽

封面设计 郑　川

出版发行 中国农业大学出版社

社　　址 北京市海淀区学清路甲 38 号　　**邮政编码** 100083

电　　话 发行部 010-62733489，1190　　读者服务部 010-62732336

编辑部 010-62732617，2618　　出　版　部 010-62733440

网　　址 http://www.caupress.cn　　**E-mail** cbsszs@cau.edu.cn

经　　销 新华书店

印　　刷 涿州市星河印刷有限公司

版　　次 2019 年 7 月第 1 版　　2024 年 8 月第 3 次印刷

规　　格 787×980　　16 开本　　11.5 印张　　210 千字

定　　价 35.00 元

编写人员名单

主　编　饶震红　赵士铎

副主编　舒展霞　张　莉　王红梅

编　者　饶震红　张佩丽　舒展霞　张　莉
王红梅　王金利　赵士铎

前　言

分析化学是以发展的眼光，应用多种方法和手段获知物质世界组成信息的一门科学。农林院校的分析化学教学更是与植物保护、资源环境、食品安全、动物生长等现实问题密切关联，是各专业本科生必修的基础课，也是理论与实际密切结合的课程。党的二十大提出：在全社会弘扬劳动精神、奋斗精神、奉献精神、创造精神和勤俭节约精神，培育时代新风新貌。分析化学实验课成为贯彻“五种精神”的阵地。通过分析化学实验课，将理论与实践相结合，理解分析化学实验在中国特色社会主义建设中发挥的重要作用，在训练学生分析化学实验的基本操作和技能的同时，培养其观察、推理、判断、表达及灵活应变的能力；使学生建立起“量”的概念，深刻体会出成功的必由之路“劳动精神”和中华民族传统的“勤俭节约”精神；培养其严谨、认真、实事求是的科学态度和作风；领会中华血脉中的“奉献精神”和“奋斗精神”，巩固、深化对分析化学的重要原理和知识的理解；提高其分析问题、解决问题的能力，在开拓中国式现代化建设中激发创造精神。

本书是根据教学需要，在总结多年的教学经验基础上，以强化基础、培养技术、锻炼思维为主线，配合中国农业大学张莉、赵士铎主编的《定量分析化学简明教程(第 3 版)》而编写的配套教材，适用于高等农林院校分析化学课程的教学。

本书主要内容包括：定量分析实验基础知识、定量分析实验常用仪器、定量分析实验基本技能介绍、定量分析基础实验、定量分析综合与设计实验 5 个部分，提供了 25 个基础实验和 8 个综合与设计实验，可根据不同层次和要求实施教学。对于重要的基本操作、常用仪器的使用，不仅给出了详细的文字和插图说明，还录制了相关视频，可通过微信扫描二维码进行观看，供读者学习与参考。

本书由中国农业大学饶震红和赵士铎主编，负责全书的编写设计和最后统稿。参加本次编写的还有中国农业大学张莉、王红梅、舒展霞、张佩丽、王金利。中国农业大学出版社及编辑潘晓丽为本书的顺利出版给予了大力支持，在此一并表示真挚的谢意。

由于时间仓促，编者水平有限，书中错误与不妥之处，恳请专家和广大读者批评指正。

编　者

2024 年 7 月于北京

前　言

目　录

第1章 定量分析实验基础知识

1.1 定量分析实验课的目的与学习要求

化学是一门实践性很强的学科，实验与理论并重。化学实验借助于其启发性、兴趣性、主动性的特点，已经成为培养学生科学素养和创新精神的实践性课程。定量分析实验课与定量分析理论教学紧密结合，不仅巩固、加深了对定量分析基本概念和基本理论的理解，而且通过定量分析的基本实验方法、基本操作技能的训练，使学生能够应用"量"的概念和典型的分析方法设计实验方案，解决问题，初步培养了学生科研能力，尤其是实事求是、一丝不苟的科学工作态度，为后续课程和即将从事与化学有关的科研工作打下良好的基础。

定量分析实验是在教师指导下学生独立完成的工作，欲达到预期的实验目的，应熟知以下实验课学习要求：

(1)根据学生守则按时上实验课，缺课要提前请假并获得批准才有补做实验的机会，否则本次实验成绩按零分处理。

(2)按照实验室安全守则，实验时做好个人防护工作，未进行充分防护不允许进行实验。

(3)实验预习。实验前，学生应认真进行预习，明确实验目的，了解实验的基本原理和方法，熟悉操作流程，体会各个操作步骤的作用和特点，结果的计算和实验中误差的来源等，并事先画好报告格式。未预习的学生不得进行实验。

(4)实验过程。

①实验时要注意手脑并用，认真思考。学会应用所学理论解释实验现象，遇到实验异常的现象时，既要勤于独立分析，又要善于沟通交流。

②按操作规范进行实验，熟记实验注意事项，合理安排时间，提高工作效率。

③认真及时地将各类实验数据记录于实验表格中，不得使用铅笔记录，不得记录于实验报告本之外，不得以任何理由涂改原始数据。

④严格遵守实验室规则，了解每次实验的安全细则，不盲目实验，不擅自做与

本次实验无关的内容,避免实验意外事故的发生。

(5)实验结束。

①实验后及时地独立完成实验报告,注意有效数字的取舍,按照计算规则做好数据处理工作,同时分析实验误差的来源,对平行实验数据间精密度未达标者,分析原因后才可以重做实验。

②实验后检查实验仪器是否齐全,清理实验台面,检查公用仪器与试剂是否归位,关闭水电,经老师检查同意后方可离开实验室。

1.2 定量分析实验室安全知识

1.2.1 实验室规则

(1)遵守实验室各项规章制度,未经老师允许不得随意改变实验内容和流程。

(2)实验时,不得嬉戏喧哗、打闹,不得擅自离开实验室。

(3)为方便实验进行,时刻注意实验台面物品摆放有序。如有遗洒的化学试剂及其他样品应及时清理,保持实验台面清洁。

(4)实验仪器用毕及时洗净,如有破损应及时办理有关手续,并补充齐全。

(5)不能将毛刷、抹布、火柴头、废纸片、碎玻璃等随意扔在水槽中,此类物质应放入实验室指定的位置。废酸、废碱、重金属废液、有机废液等应分类小心倒入废液缸内。

(6)使用电气设备时要小心,切不可用湿润的手去开启电闸和电器开关,绝对不能使用漏电的设备。使用电炉、电热板等加热设备时,要将电源线整理好,避免烫坏电源线。用水浴锅加热时要随时注意锅内的水位,避免干烧。

(7)定量分析实验所用容器都应编号,烧杯、锥形瓶可在毛玻璃处用铅笔加上标志,容量瓶无可标志的毛玻璃,可整齐地贴上小标签或用记号笔书写。坩埚可用钢笔蘸取混有三氯化铁的蓝墨水标记,经灼烧得到焦黄色的字迹。

(8)配好的试剂要贴上标签,写清溶液名称、浓度及配制日期。注意贴标签时不得签上叠签,试剂瓶前后不能有不同的两张标签。

(9)分析实验室中常用的精密仪器,使用时应严格按照操作规程进行操作,不得随意拆装、移动,用后将仪器旋钮恢复至原位,并且填写使用情况记录本。

(10)实验完毕,值日生整理仪器和公用试剂,关闭水、电、门窗,必须洗手才可离开实验室。

1.2.2　实验室安全守则

在化学实验室经常接触到易燃、易爆、有腐蚀性和有毒性的化学品，接触到各类仪器，如果操作不当，会发生诸如烧伤、烫伤、中毒、失火、触电、爆炸等意外事故，因此实验室人员必须遵守实验室安全守则。

(1)进入实验室首先了解周边环境、实验室的安全出口及紧急情况时的逃生路线、实验室的电源及水闸的位置；了解实验室医药箱、实验室消防设施、紧急洗眼器、紧急淋浴器的位置及正确的使用方法。

(2)实验时要穿着长袖实验服，不准穿短裤、短裙、凉鞋、拖鞋、底部带铁钉的鞋进入实验室，实验期间佩戴防护镜，长发要盘起或藏于帽内。

(3)实验室内严禁吃喝、抽烟，一切化学药品，包括提纯后的产品严禁入口，离开实验室前要洗手。

(4)涉及刺激性或有毒气体的实验，诸如 H_2S、Cl_2、Br_2、HCl、HF、NO_2、SO_2、CO 等，应在通风橱内进行。使用浓硫酸、浓盐酸、强碱、铬酸洗液、液溴、氢氟酸及其他强腐蚀性的液体时，也应在通风橱中进行，而且不要将头伸入通风橱内操作，切勿溅在皮肤、眼睛和衣服上。若浓碱溅到皮肤上，应立即用流水冲洗；若浓硫酸溅到皮肤上，应先用布拭去，再用大量水冲洗，然后涂上 3% ～ 5% 的碳酸氢钠溶液。

(5)使用易燃有机溶剂(苯、乙醇、丙酮、乙醚、CS_2)时，附近不能有明火和热源。敞口操作挥发性物质应在通风橱中，用后要把瓶塞盖紧，放在阴凉的地方保存。

(6)使用有毒试剂时(汞盐、钡盐、铬盐、砷化物、氰化物)，应严格遵循操作规范，妥善保管，不得随意放置，用过的废液不可倒入下水道或废液桶中，应集中回收处理。特别是对于氰化物，严禁在酸性介质中加入氰化物，避免氰化物与酸作用放出氢氰酸。

(7)不能将样品任意混合，不能研磨氯酸钾、硝酸钾、高锰酸钾等强氧化性物质和其混合物，特别是氯酸钾与红磷、碳、硫等的混合物，以免发生爆炸。久置的银氨溶液会变成氮化银而引起爆炸，用后应及时处理。

(8)不允许用手直接取用固体药品，不能嗅闻和使用大量不明性质的物品进行实验，加热试管时不要将试管口对着自己或他人，更不要俯视加热的容器。

(9)不能用手直接触碰灼热的器皿，更不可以将灼烧过的器皿直接放在桌面上，应放在石棉网上。

(10)未使用过的仪器设备不能直接接通电源，或随意按动工作键盘，应在熟悉其性能和使用方法后使用。对于高压气体钢瓶及燃气灯要严格按照规程操作。

1.2.3 化学实验室“三废”处理

实验室“三废”是指实验过程中产生的废气、废液和废渣，如果未经处理直接排出，会对空气、水源造成污染，最终损害人体健康。因此实验室的“三废”排放之前必须对其进行有效处理，将危害风险减至最小。

1.废气的处理

首先，实验过程中使用挥发性及产生有毒有害气体的实验均应在通风橱内部进行，并保证通风良好。产生少量的有害气体通过通风设备经过稀释后排放到室外；产生大量有毒气体的实验必须备有吸收和处理装置，经过吸附处理降低排放量。常用的液体吸收剂有水、碱性溶液、酸性溶液、氧化剂溶液和有机溶剂，如 HCl、Cl_2、H_2S、SO_2 等酸性气体可用稀碱液吸收；常用的固体吸收剂有活性炭、活性氧化铝、硅胶、分子筛等。如使用浸渍活性炭吸附 NO_x、HF、NH_3、酸雾等。

2.废液的处理

实验过程中产生的各种废液不得直接倒入下水道，必须按照无机废液、重金属离子废液、有机废液分类倒入废液桶或废液缸中，废液桶上应有危险品名称和分类标识，密闭存放，废液桶内废液储存量也不能太多。要对废液桶做好登记，并将其统一转移到危险品仓库中。少量废液处理参照如下：

(1)无机废酸、废碱。一般无机废酸、废碱液用酸碱中和的方法，将 pH 调节到 6～8 才可以排出。

(2)含铬废液。酸性条件下加入还原剂，例如：铁粉、锌粉、亚硫酸钠、硫酸亚铁、二氧化硫等，将 Cr^{6+} 还原为 Cr^{3+}，然后加入碱性物质，如：氢氧化钠、氢氧化钙、碳酸钠、石灰，调节废液 pH 至 10，生成低毒的 $Cr(OH)_3$ 沉淀，或者利用絮凝剂进行沉淀，分离沉淀达标后上清液可排放。对于失效的铬酸洗液可以用高锰酸钾使其氧化再生后使用。

(3)含氰化物的废液。含氰废液处理方法多，例如：碱氯法、过氧化氢氧化法、臭氧氧化法、SO_2—空气法、电解氧化法等等。一般 CN^- 含量少的废液用氢氧化钠溶液调至 pH 为 10 以上，再加入 3% 的高锰酸钾，使 CN^- 氧化分解。CN^- 含量高的废液用碱性氯化法处理，即在 pH 至 10 以上加入次氯酸钠将 CN^- 氧化成氰酸盐，再分解为二氧化碳和氮气。

(4)含汞废液。将废液的 pH 调至 8～9，加入硫化钠生成硫化汞沉淀，再加入共沉淀剂硫酸亚铁与过量的硫，生成的硫化铁将水中的硫化汞微粒吸附而共沉淀，排出上清液，少量残渣用焙烧法回收汞或再制成汞盐。

(5)重金属废液。处理重金属离子废液的方法很多，有氢氧化物沉淀法、硫化物沉淀法、铁氧体共沉淀法、吸附法和膜分离技术。其中最常用的是氢氧化物沉淀法和硫化物法。向废液中加入 NaOH，调节 pH 至 9～11，或者加入 Na_2S、H_2S，充分搅拌，很多重金属离子可生成氢氧化物或硫化物沉淀。由于硫化物沉淀较难，常常需要添加凝聚剂和助凝剂加强去除效果。

(6)有机废溶液。有机类实验溶剂在对实验没有影响的情况下，尽量回收，反复使用；对于可燃性有机废液最常用的方法是焚烧处理；难以燃烧的物质和含水的低浓度有机废液，通常用与水不相混溶的挥发性溶剂进行萃取，还可以用吸附法处理；容易发生水解的脂类和一些有机磷化合物可以加入 NaOH 或 $Ca(OH)_2$ 进行水解法处理。

3. 废渣的处理

实验室出现的固体废弃物不能随便丢弃，不能与生活垃圾混放，碎玻璃和其他有棱角的锐利废料，不能丢进废纸篓内，要收集于特殊废品箱内处理。不溶于水的无毒废渣可直接掩埋，掩埋地点应有记录。有毒的废渣必须先进行化学处理，无毒后深埋在远离居民区的指定地点，要求掩埋场地远离水源，场地底土不渗水，不透水。

实验时若将金属汞洒落在实验台上或地面上，必须及时用滴管、毛笔等将散落的汞收集于烧杯中，并用水覆盖。对于难以收集的微小汞珠应立即撒上硫黄粉，集中作为废渣处理。

1.2.4　化学实验室意外事故紧急处理

实验室中发生事故主要有火灾爆炸事故，化学药品中毒窒息事故，割伤、灼伤、烫伤和电击伤等外伤事故。实验时，一旦有紧急情况发生千万不可慌张。每一位实验室人员都应有自我保护意识和实验室的应急处理能力。

1. 火灾的处理

发生失火时，要防止火势蔓延，立即关闭煤气灯，停止加热，停止通风，断开室内总电闸，搬开易燃物质，同时采取措施立即灭火。使燃着的物质隔绝空气是化学实验室灭火原则。如果烧杯、烧瓶等小器皿内着火，可盖上石棉板和瓷片，使之隔绝空气灭火。

如果电器着火，首先应切断电源，然后再用干粉灭火器、二氧化碳灭火器或四氯化碳灭火器灭火。不能用水和泡沫灭火器灭火，防止由于灭火剂导电，使人触电。

如果乙醚等易燃有机溶剂着火时，可用灭火沙灭火。

由酒精灯引起的小火时，可用湿布或石棉布盖灭，或用水浇灭。

如果易燃物品遇湿，如金属钾、金属钠引起的火灾，禁止用水、泡沫等灭火剂，应用干沙、干粉等覆盖。

如果爆炸性物品，如硝酸甘油、叠氮银引起的火灾，禁止用沙土覆盖，应采用吊射水流灭火。

如果衣服着火，附近人员可用湿布或灭火毯盖在着火者身上，使其隔绝空气而灭火；或者立即将衣服脱掉，或者就地打滚，或者快速到紧急喷淋装置处喷淋。

注意无论使用哪一种灭火器材，都应从火的周围开始向中心扑灭。灭火器的喷出口对准火焰的根部，不能犹豫。

2. 割伤的处理

实验过程中出现割伤，首先要仔细观察伤口处有没有玻璃碎渣，如有，应先把伤口处的玻璃碎渣取出，再用蒸馏水冲洗伤口，涂上紫药水。如果伤口较大而且出血较多，可在伤口上部约 10 cm 处用纱布扎紧，用云南白药止血，随后立即送医院处理。

3. 高温烫伤的处理

发生高温热烫伤时，局部立即用大量冷清水冲洗，降低局部温度，避免深度烧伤。如果伤处起泡，其水泡不宜挑破，如烫伤面积不大，可涂烫伤膏；如水泡破损，烫伤面积大，应用纱布包扎后送医院治疗。

4. 灼伤的处理

灼伤是化学物质及化学反应热对皮肤、黏膜的损害。为避免灼伤，实验时最好戴橡胶手套和防护眼镜。发生灼伤时，应按下列要求处理。

酸灼伤：先用大量水冲洗，再用 5%碳酸氢钠溶液或肥皂水中和冲洗，最后再用水冲洗。如果酸液溅到眼睛里，立即用水长时间冲洗，再用 2%硼砂溶液洗眼，冲洗后立即到医院就诊。

碱灼伤：立即用大量清水冲洗，再用 2%乙酸溶液或 3%硼酸溶液冲洗，再用水冲洗。如果碱液溅到眼睛里，立即用水长时间冲洗，再用 3%硼酸溶液洗眼，冲洗后立即到医院就诊。

溴灼伤：溴灼伤的伤口不易愈合，使用溴时，应先配好 20%的硫代硫酸钠溶液，如果溴溅到皮肤上，先立即用水冲洗，再用 20%的硫代硫酸钠溶液冲洗直到烧伤处呈白色，然后涂上鱼肝油软膏，包上纱布就医。如果眼睛受到溴蒸气伤害不能睁开，可对着盛有酒精的瓶口注视片刻，然后尽快去往医院。

5. 中毒事故

溅入口中，尚未咽下的物质（不是腐蚀品也不是烃类液体），一般可采取催吐的方法,并用大量水冲洗口腔。如果已经咽下,应根据毒物的性质,服用解毒剂,并送医院。

强酸中毒:切忌洗胃和催吐,先饮大量的水,立即服用2.5%氧化镁溶液或石灰水上清液,氢氧化铝凝胶,再服用牛奶、米汤、蛋清、豆浆等保护剂延缓吸收并且保护胃黏膜。

强碱中毒:切忌洗胃催吐,口服食醋、橘汁、柠檬汁等,然后服用鸡蛋清加水、牛奶或植物油。

实验过程中吸入过量的氨气、硫化氢、氯气、一氧化碳、溴蒸气、芳香烃等物质时会发生中毒现象。当发生中毒时,立即将中毒者沿上风向从室内移出至空气新鲜处,解开衣服,放松身体,保持呼吸道通畅。如吸入氯气、氯化氢气体时,可吸入少量酒精和乙醚的混合蒸汽解毒;如吸入硫化氢和一氧化碳气体时,应立即移到室外呼吸新鲜空气。

6.触电事故

实验室使用的电器金属外壳应接上地线,不用湿手接触电器,不用双手同时接触电器,一旦发生触电事故应迅速切断电源,必要时进行人工呼吸。

1.3　化学试剂及实验室用水

1.3.1　化学试剂的分类

化学试剂是指具有一定纯度标准的各种单质和化合物,亦可是混合物,具有品种多、门类杂、应用广的特点。国际市场上流通的就有数十万种,而且每年随着科学技术的高速发展,化学试剂的品种还在不断地变化着。目前国际上没有统一的化学试剂分类方法,我国的化学试剂有国标(GB)、部标(HG)和企业标准3种级别,通常以用途和管理为基础进行分类。按用途分为标准试剂、通用试剂、分析专用试剂、高纯试剂、指示剂、电子工业专用试剂、生化试剂、医用试剂等;以管理为基础可分为危险试剂和非危险试剂。

定量分析实验室最常使用的是标准试剂、通用试剂、高纯试剂和专用试剂。

1.标准试剂

在分析化学中标准试剂是指具有确切含量和一定的纯度,可作为分析测定度量标准的一类试剂。这种试剂主体含量高,严格按照国家标准生产检验,准确可靠。在滴定分析实验中标准试剂也称为基准试剂,分为第一基准试剂和工作基准试剂。pH基准试剂、色谱分析标准液、农药分析标准液、有机元素分析标准液都属于标准试剂。

2. 通用试剂

通用试剂也称为一般试剂。按照质量等级可以分为四级和生化试剂。指示剂属于一般试剂。表 1-3-1 列出了通用试剂的级别和用途。

表 1-3-1 通用试剂的级别及主要用途

级别	一级	二级	三级	四级	生化试剂
中文名称	优级纯	分析纯	化学纯	实验试剂	生物试剂
英文符号	GR	AR	CP	LR	BR
标签颜色	绿色	红色	蓝色	棕色	咖啡或玫红
主要用途	精密分析实验	一般分析实验	一般化学实验	一般化学实验	生物化学实验

3. 高纯试剂

质量远远高于一般试剂的化学试剂统称为高纯试剂,它的主体含量与优级纯试剂相当,但杂质含量比优级纯或基准试剂要低,主要用于微量分析中样品和分析试液的制备。高纯试剂纯度等级的表达方法有数种,以几个“9”来表示是最常见的。如用 4N、5N 分别表示其纯度为 99.99%和 99.999%,“9”的数目越多,表示的纯度越高,但它只表明试样中某些杂质离子存在多少的情况,并不表示试样中主体含量。

4. 专用试剂

为了特定使用目的,用特殊方法生产的高纯试剂称为专用试剂,诸如色谱分析标准试剂、红外光谱纯试剂、核磁共振分析用试剂等。它们的特点不仅纯度高,主体含量也很高。在特定的用途中,有干扰的杂质成分被控制在不致产生明显干扰的限度以下。

1.3.2 化学试剂的选用与存放

1. 化学试剂的选用

在化学试剂原装瓶上的标签中已注明了化学试剂的名称、化学式、式量、等级、纯度和杂质的最高含量。实验时选用何种类别的试剂,应根据不同的实验要求合理地选择、确定相应级别。化学试剂级别不同价格相差很大,在高精度的实验中不能以粗品代替纯品,在要求不高的一般性实验中将纯品粗用,也造成很大的浪费。定量分析实验对试剂的选择见表 1-3-2。

表 1-3-2 定量分析实验对试剂的选择

实验任务	试剂级别
痕量分析实验	高纯试剂
仲裁分析实验	优级纯或分析纯
仪器分析实验	优级纯、分析纯或专用试剂
滴定分析中的标准溶液配制	分析纯
滴定分析中的标准溶液定值	工作基准试剂

制备实验或辅助实验一般选用化学纯或普通实验试剂即可，常量分析实验所用的试剂一般不低于分析纯，试剂的级别不同对分析用水和所用容器的洁净度要求也不同。在满足实验要求的前提下，还应考虑所选试剂对人体健康和环境的影响。

2. 化学试剂的存放

使用化学试剂时要注意保护试剂不被玷污，不要用不洁净的药匙从原装试剂瓶中取用试剂，取用完毕后要将瓶盖盖严，不要弄脏瓶塞，不要张冠李戴，多取的试剂不允许倒回原瓶。

影响化学试剂变质的因素很多，比如空气中的氧易使硫酸亚铁、亚硫酸钠、亚硝酸钠等还原性试剂氧化而变质；二氧化碳可以使氢氧化钠部分变成碳酸盐；水分可以使硝酸盐潮解结块；日光中的紫外线可以诱使硝酸银、碘化钾、浓硝酸变质；温度高可以促使双氧水、氨水分解等。因此化学试剂一般都应在通风性良好，阴凉、干燥的房间避光保存，做到无机试剂和有机试剂分开存放，氧化剂和还原剂及可燃物分开存放，易燃易爆试剂单独存放，剧毒试剂专门保管，挥发吸湿性试剂加塞密封，灭火方法相抵触的试剂分开存放。

1.3.3 实验室用水

影响实验效果的因素除了实验方法、实验仪器、实验试剂及实验技术外，实验中用来配制溶液的水的纯度也非常重要。天然水中含有可溶性无机物、可溶性有机物及微生物，这些物质对实验检测结果会造成影响。我国建立了实验室用水规格的国家标准，根据不同的实验目的和要求，应选用不同纯度的水。

1. 实验室用水的类别

国家标准《分析实验室用水规格和实验方法》(GB/T 6682—2008)中规定分析用水分为三级，一级水、二级水和三级水。实验室用水应用范围及检测指标见表 1-3-3。

表 1-3-3 实验室用水检测指标与应用范围

项 目	一级水	二级水	三级水
电导率(25℃)/($mS \cdot m^{-1}$)	≤0.01	≤0.10	≤0.50
可氧化物质(以 O 计)/($mg \cdot L^{-1}$)	—	≤0.08	≤0.4
吸光度(254 nm,1 cm 光程)	≤0.001	≤0.01	—
蒸发残渣(105℃±2℃)/($mg \cdot L^{-1}$)	—	≤1.0	≤2.0
应用范围	有严格要求的分析实验	无机痕量分析实验	一般的分析化学实验

根据实验室制备纯水的方法通常将纯水分为 4 种:蒸馏水、去离子水、反渗水和超纯水。

(1)蒸馏水。使用蒸馏器制备的纯水称为蒸馏水。蒸馏水能除去水中非蒸发性杂质,但是二氧化碳和某些低沸点易挥发物,可以随水蒸气进入蒸馏水中;少量的液态水也可以变成雾状直接进入蒸馏水中;使用的蒸馏器材料成分也可以进入蒸馏水中,因此蒸馏一次所得的水含有微量杂质,只能用于定性分析和一般的工业分析和仪器的洗涤。

(2)去离子水。应用阴、阳离子交换树脂去除水中的阴离子和阳离子制得的水称为“去离子水”。这种水的纯度相对高,产量大,成本低,能满足多种实验室的需求,但水中含有微生物和某些可溶性的有机物。

(3)反渗水。在一定压力的作用下,利用反渗透膜制得的纯水称为“反渗水”。水分子通过半透膜,水中的杂质被半透膜截留排出,反渗水克服了蒸馏水和去离子水的许多缺点,可以有效地去除水中的无机物、有机物、细菌、悬浊物等。

(4)超纯水。超纯水是先应用蒸馏、离子交换、反渗透技术将水预纯化,再经过离子交换精细处理得到的纯水,其电阻率大于 18 MΩ·cm (25℃)。超纯水适合多种精密分析实验的需求,在生物医学中的细胞培养和纯超材料的研制上广泛应用。

2. 水质检验

纯水的检验一般以测定的电阻率值为主要指标,25℃下,一级水的标准电阻率≥18.25 Ω·cm,二级水标准电阻率≥1 MΩ·cm,三级水标准电阻率≥0.2 MΩ·cm。在某些情况下,应对水中的 Cl^-、Ca^{2+}、Mg^{2+} 进行检验。

(1)金属阳离子的鉴定。取少量水样于试管中,加入 5 滴 NH_3-NH_4Cl 缓冲液及 10 mg 铬黑 T 指示剂,若溶液呈红色,表示有金属阳离子存在,呈天蓝色则为合格。

(2) Cl^- 的检验。取少量水样于试管中，加入 1 mol·L^{-1} HNO_3 使之酸化，然后加入 1～2 滴 0.1 mol·L^{-1} $AgNO_3$ 溶液摇匀。观察是否出现白色浑浊，无白色混浊为合格。

1.4　定量分析的误差和数据处理

定量分析的目的是准确测定样品中组分的含量。但实际上由于种种因素的影响，人们永远不可能得到绝对准确的测定结果：即使由最优秀的分析工作者采用最可靠的方法，使用最先进最精密的仪器进行测定，所得结果也不可能绝对准确；同一人对同一样品在相同条件下进行多次测定（平行测定），所得结果也不可能完全相同。测定结果的这两个特征，说明定量分析中误差是不可避免的，定量分析的结果只能是真值的近似值。因此，分析工作者必须能根据生产、科研等工作的要求，采取措施减少误差对测定结果的影响，并对结果的可靠性做出正确评价。

1.4.1　准确度与精密度

为了表述测定结果所具有的两个特征，引入准确度和精密度概念。

1. 准确度及其表示——误差

准确度系指测定结果与真值的接近程度。准确度高低用误差来说明：误差表示测定结果 x 与真值 T 的差异，可用绝对误差 E 和相对误差 RE 两种方式表达。

$$\text{绝对误差 } E = x - T \tag{1-1}$$

$$\text{相对误差 } RE = \frac{E}{T} \tag{1-2}$$

相对误差常用百分数形式表示。一般人们总要对同一样品进行多次重复测定，并用各次测定结果的平均值 $\bar{x}$ 表示样品的测定结果，因此实际工作用 $\bar{x} - T$ 表示绝对误差。由于真值 T 永不能准确得知，实际工作中常用所谓标准值代替：标准值系由经验丰富的多名分析人员，在不同实验室采用多种可靠方法对试样反复分析，并对全部个别测定结果进行统计处理后得出的较准确的结果。纯物质中元素的理论含量也可作真值使用。

误差越小，表示测定结果与真值越接近，准确度越高。误差有正负之分，正误差表示测定结果偏高，负误差表示结果偏低。通常用相对误差来衡量测定的准确度，原因是可反映测定值与真值之差在测定结果中所占份数，能更合理地反映测定准确度。

2.精密度及其表示——偏差

精密度系指对同一样品在相同条件下所做多次平行测定的各个结果间的接近程度，表现了测定结果的重复性。精密度高低常用偏差衡量：偏差越小，精密度越高，表示平行测定结果接近程度较好。偏差常用下列方法表示：

(1)绝对偏差和相对偏差。绝对偏差 d 为某单次测定结果(x_i)与平行测定各单次测定结果的平均值 $\bar{x}$ 之差；相对偏差 dr 为绝对偏差与平均值之比，常用百分数形式表示。

$$d_i = x_i - \bar{x} \tag{1-3}$$

$$dr_i = \frac{d_i}{\bar{x}} \tag{1-4}$$

一组平行测定，各单次测定结果偏差的代数和为0，故偏差的自由度 $f=n-1$，n 为测定次数。某次测定结果的偏差，只能反映该结果偏离平均值的程度，不能反映一组平行测定的精密度。

(2)平均偏差与相对平均偏差。为表示一组平行测定结果间接近程度或离散程度，引入平均偏差和相对平均偏差概念。平均偏差指各单次测定结果偏差绝对值的平均值：

$$\bar{d} = \frac{|d_1| + |d_2| + \cdots + |d_n|}{n} = \frac{\sum_{i=1}^{n} |d_i|}{n} \tag{1-5}$$

相对平均偏差为平均偏差与平均值之比，常以百分数形式表示：

$$\overline{dr} = \frac{\bar{d}}{\bar{x}} \tag{1-6}$$

一般分析工作中，精密度常用相对平均偏差表示。但平均偏差表示精密度时，对极值反应不灵敏。

(3)标准偏差与相对标准偏差(变异系数)。标准偏差又称均方根偏差。当平行测定次数趋于无穷大时，标准偏差定义为：

$$\sigma = \sqrt{\frac{\sum_{i=1}^{n} (x_i - \mu)^2}{n}} \tag{1-7}$$

式中：μ 为无限多次平行测定结果的平均值，称为总体平均值。

一般分析工作中，仅做有限次平行测定，此时标准偏差用 s 表示，定义为：

$$s=\sqrt{\frac{\sum_{i=1}^{n}(x_i-\bar{x})^2}{n-1}}=\sqrt{\frac{\sum_{i=1}^{n}d_i^2}{n-1}} \tag{1-8}$$

一般标准偏差对极值反应灵敏，故用其表示精密度要比用平均偏差更科学。

相对标准偏差又称变异系数（CV），通常用百分数形式表示：

$$CV=\frac{s}{\bar{x}} \tag{1-9}$$

（4）相差和相对相差。若对样品只做两次平行测定，精密度常用相差表示：

$$\text{相差}=|x_1-x_2| \tag{1-10}$$

$$\text{相对相差}=\frac{|x_1-x_2|}{\bar{x}} \tag{1-11}$$

（5）极差和相对极差。极差指一组平行测定结果中最大者与最小者之差：

$$R=x_{\max}-x_{\min}$$

相对极差则定义为$\frac{R}{\bar{x}}$。极差适于说明少数几次测定结果的离散程度。

3. 准确度与精密度的关系

测定结果之优劣，可根据准确度和精密度的高低进行判断。好的测定结果，必然精密度、准确度均高；精密度差的测定，结果绝不可信，即精密度是保证准确度的先决条件。但精密度高，不一定能保证准确度也高，即仅凭高的精密度不能断定结果必优。

1.4.2　误差的来源和分类

为保证分析结果准确度和精密度符合要求，首先应搞清影响准确度和精密度的各种因素，即误差的来源。按性质及产生原因的不同，通常可将误差分为两大类。

1. 系统误差

此类误差是由于某些固定的原因按确定方向起作用而造成的，因此在对样品重复测定时，此类误差也重复出现，并具单向性：或均为正误差，或均为负误差。系统误差影响测定的准确度，不能靠做平行实验消除，故一旦发现，必须找出原因并设法消除。产生系统误差的主要原因为：

(1)方法误差。是因分析方法本身不尽完善而造成的。如滴定分析中,由于指示剂指示的滴定终点与计量点不完全一致,或不可完全避免的副反应的存在;重量法中,沉淀不可能100%完全相等,均将系统地影响结果偏高或偏低。

(2)仪器和试剂误差。仪器误差是因仪器不准确造成的。如天平两臂不等长、砝码因磨损质量发生了变化、滴定管刻度不准确等,都会引起仪器误差。试剂误差则是因试剂、蒸馏水不纯而造成的。

(3)操作误差。是因在正常操作情况下,操作人员的某些主观原因造成的。如因对颜色敏感程度不同,辨别滴定终点颜色时有人偏深,有人偏浅,均将引入操作误差。

2. 随机误差

随机误差又称偶然误差,是由某些无法避免、难以控制的因素造成的。定量分析操作过程中,环境温度、湿度、压力的微小变化,电源电压的微小波动,仪器性能的微小变动,以及操作者因一时辨别上的差异而造成的仪器读数不确定等,都会引起随机误差,并造成平行测定结果的波动。随机误差的大小、方向均不确定,从而影响测定结果的准确度和精密度。

若分析人员粗枝大叶,或违反操作规程,发生溶液溅失、加错试剂、沉淀穿滤等现象,必对测定结果产生严重影响。凡此类错误,称为过失。过失与误差不同,应绝对避免发生,若有过失发生,所测结果应弃去。

1.4.3 提高测定准确度的措施

要提高测定的准确度,首先要选择适宜的分析方法。不同的分析方法对准确度和灵敏度各有侧重,如化学分析法准确度高(相对误差可控制在千分之几内),但灵敏度低(绝对误差较大),适宜常量分析中常量组分的测定;仪器分析灵敏度高,但相对误差较大,一般适宜微量组分的测定。选择分析方法时,还需注意样品的组成。如测定土壤中铁含量时,为防止其他元素干扰,宜用重铬酸钾滴定法而不用配位滴定法。

选定分析方法后,可采用以下方法减少测定误差。

1. 减少测量误差

使用仪器进行测量时造成的绝对误差的大小,是由测量仪器本身的精度决定的。如50 mL滴定管的最小分度值为0.1 mL,确定液面位置时,可在两刻度线之间估计读至0.01 mL,所以读数误差为±0.01 mL。用滴定管量液时需读数两次,可能造成的量液误差为±0.02 mL。为使滴定管造成的测量误差不超过±0.1%,滴定时由滴定管放出溶液的体积就不能太少,最低值可依下法算出:

$$V=\frac{E}{RE}=\frac{\pm 0.02\ \text{mL}}{\pm 0.1\%}=20\ \text{mL}$$

即要求滴定分析中消耗滴定剂体积必须大于 20 mL，一般控制在 20～30 mL。又如万分之一分析天平读数误差为±0.1 mg，称量样品质量时需读数两次，可能造成±0.2 mg 误差。为保证称量误差不超过±0.1%，样品质量不得低于 0.2 g。由以上两例可知，减少测量误差的方法是适当增大被测量。

2. 减少随机误差

前已述及，对样品做多次平行测定，在保证精密度符合要求的前提下，以平均值作为测定结果，可减少随机误差的影响。

3. 减少系统误差

根据对照试验结果，经显著性检验，若确证存在系统误差，则应找出具体原因，采用不同的办法加以处理。

(1)减小仪器误差。定量分析中使用的各种测量仪器如天平、砝码、滴定管、移液管、容量瓶、比色皿等，使用前都应经过校准，方法可参阅有关参考书。

(2)减小试剂误差。采用空白试验，可判断系统误差是否因试剂或蒸馏水不纯所致。所谓空白试验，是在不加被测样品的情况下，按照被测样品分析步骤和条件进行的分析试验，所得结果称为空白值。若空白值较高，说明试剂、蒸馏水或所用器皿带入了严重污染，应更换或提纯试剂，改进水质，换用洁净器皿。若空白值较低，可从被测样品结果中扣除空白值以获得较可靠的结果。

(3)减少方法误差。若无仪器和试剂误差，从对照试验的结果一般可断定是否存在方法误差。存在方法误差时，必须对测定方法进行检查，对不合理处进行改进。如滴定分析中，指示剂选择是否恰当、是否有共存干扰物质、介质酸度及反应温度是否合适等。若方法误差较小且稳定，可根据对照实验的结果计算出校正系数，对测定结果进行校正。

1.4.4 有效数字及运算规则

1. 有效数字

科学实验中，离不开使用各种不同精度的仪器对有关物理量的测量，所以测量结果不仅要能表示量的大小，还要能正确反映测量的精确度。为此，科技工作中使用有效数字记录测量数据。有效数字，即实际测量到的数字，规定其中仅最后 1 位数不甚准确，而其他各位数字均是确定的。例如：记录由 50 mL 滴定管中放液 21.34 mL，这 4 位数字中，前 3 位均根据刻线读出，是准确的，最后 1 位则是根据液面在滴定管两刻线间的位置估计出的，不甚准确，有±0.02 mL 误差，但它并非臆造，即 21.34 这 4 个数字均为有效，所以称之为 4 位有效数字。

有效数字位数的保留，应根据仪器的精度确定，所以根据有效数字最后 1 位是如何保留的，可大致判断测定的绝对误差及所用仪器的精度，根据有效数字位数，可大致判断测定相对误差的大小。如由有效数字 0.427 0 g，可知测定的绝对误差 ±0.000 2 g，相对误差 ±0.05%，所用仪器为万分之一分析天平。若将之错记为 0.427 00 g，则会被误认为绝对误差 ±0.000 02 g，相对误差 ±0.005%，是用十万分之一天平称得；若错记为 0.427 g，则会被误认为绝对误差 ±0.002 g，相对误差为 ±0.5%，是用千分之一天平称得。可见若有效数字位数保留不当，会使测定的准确度人为不合理地提高或降低。

在确定有效数字位数时，需注意数字“0”的不同作用。若其作为普通数字使用，表示实际的测量结果，它就是有效数字；若其仅起定位作用，则不是有效数字。如 25.0 mg 中，“0”是测量得来，是有效数字，即此数据为 3 位有效数字；若将单位改用 g，应记为 0.025 0 g，这时前面的两个“0”仅起定位作用，数据仍为 3 位有效数字；若将单位改用 μg，仍应保留 3 位有效数字，利用科学记数法记为 2.50×10^4 μg，若写为 25 000 μg，则错误地将之记为 5 位有效数字，人为地将准确度提高。

分析化学计算中常用到倍数关系。倍数非测量所得，不是有效数字，可作为无限多位有效数字使用。pH、pM、lgK 等对数数值，首数部分仅起定位作用，只尾数部分的位数决定有效数字位数。如 pH＝2.02，为两位有效数字，换算为 H^+ 浓度时，为 9.5×10^{-3} mol·L^{-1}，仍为两位有效数字。

2. 有效数字的运算和修约规则

分析测定的结果是综合各测量值经一定运算得出的，所以各测量值的误差都要传递到最终计算结果中。为防止最终结果的准确度被错误地提高或降低，根据误差传递原理，总结出了有效数字运算规则，以便在运算中对有效数字位数合理保留。

(1)有效数字加减法运算。和或差的绝对误差大小，主要由绝对误差最大的数据决定。故数据相加减时，和或差的有效数字位数保留，应以绝对误差最大的数据为依据。例如：

$$0.012\,1+25.64+1.065\,1+11.015+10.225$$

其中：25.64 绝对误差最大，故计算结果中小数点后只应保留两位有效数字。

为简便，计算前应将各数据根据需要一次修约到位。如此例，运算前应先将各数据一次修约至两位小数。修约按“四舍六入五留双”规则进行。所谓“五留双”，意思为：若尾数为 5 或 5 后的数为 0，5 前面为偶数时则舍去尾数，5 前面为奇数时

则入;若 5 后面数字不为 0 时,则入。故:

$$0.0121+25.64+1.0651+11.015+10.225=$$
$$0.01+25.64+1.07+11.02+10.22=47.96$$

(2)有效数字的乘除法运算。积或商的相对误差大小,主要由相对误差最大的数据决定。所以数据相乘除时,积或商有效数字位数应与有效数字位数最少的数据相同。例:

$$0.0121\times25.64\times1.0651\times11.015\times10.225$$

所得乘积应保留三位有效数字,即与 0.0121 一致:

$$0.0121\times25.64\times1.0651\times11.015\times10.225=$$
$$0.0121\times25.6\times1.07\times11.0\times10.2=37.2$$

定量分析中,各数据有效数字位数及所用仪器的精度应根据实际要求及所用方法能达到的准确度来决定。如滴定分析的方法误差可达±0.1%以内,故各测量值和结果一般均应具 4 位有效数字,称量样品时应用万分之一天平;而用仪器分析法测定土壤或和生物体内微量元素含量时,误差小于±10%即可,则各数据只需保留两位有效数字,称量样品时用百分之一天平就可满足要求。

分析实验中所用容量瓶、移液管等精密量器的容积,一般均可保证 4 位有效数字。在计算误差或偏差时,一般只保留一两位有效数字。进行化学平衡计算时,因平衡常数一般仅两三位有效数字,结果也只需保留两三位有效数字。

第 2 章　定量分析实验的常用仪器

2.1　定量分析实验常用的一般器皿

定量分析化学所用的实验器皿按材质可以分为玻璃类、瓷器类、玛瑙类、石英类、石墨器皿、塑料类及金属类。

玻璃器皿一般为软质玻璃，主要成分是含有少量碱金属的硼硅酸盐，具有良好的透明度，一定的耐蚀性能和机械强度，一定的耐热性，一般可加热到 100 到 200℃。按照准确度和流出时间分为 A 级和 B 级；按照用途又可以分为容器类(表 2-1-1)、量器类(表 2-1-2)和其他用途类(表 2-1-3)。量器类是用来检验体积的工具，容器类是用来装载和贮存的工具，按照测定液体进出仪器的形式又可分为量入式仪器(比如容量瓶、烧杯)和量出式仪器(比如滴定管、移液管、量杯)。

石英器皿具有很高的耐酸碱、耐热性能，透明石英器皿可耐 1 030℃的高温，而且骤冷骤热不易破裂。常用的石英器皿有石英坩埚、石英蒸发皿、石英烧杯等。

瓷器皿由化学瓷制成，主要成分是硅酸盐，与玻璃器皿相比有更好的耐蚀性能、耐热性能，不易损耗。因其吸水性低，在分析化学实验中常用作称量器皿，比如瓷坩埚、瓷舟。

玛瑙器皿的主要成分是二氧化硅，硬度大，性质稳定，用玛瑙研钵研磨样品后，不会混入任何研钵本体物质。红外光谱分析中样品、标准品的研磨通常使用玛瑙研钵。

塑料器皿由聚乙烯、聚氯乙烯、聚四氟乙烯等高分子材料制成，因含有的金属杂质少，常被制成洗瓶、烧杯、漏斗等器皿，但只有聚四氟乙烯制品可以加热到 220℃，其他塑料制品耐热性差，只能在常温下使用。

铂坩埚、镍坩埚和银坩埚是分析化学实验中常用的消解样品的金属器皿。铂坩埚除了可以用 Na_2CO_3 为熔剂融解样品，也可以用氢氟酸、浓硫酸和高氯酸进行湿法消解；银坩埚可以用于碱熔法分解样品，熔融 $NaOH$、Na_2O_2 等物质，但不能分解含硫物质，不能接触浓硫酸和浓硝酸。镍坩埚适用于 NaOH、Na_2O_2、Na_2CO_3、$NaHCO_3$ 以及含有 KNO_3 的碱性溶剂熔融样品，不适用于酸性溶剂以及含硫的碱性硫化物熔剂熔融样品。

表 2-1-1　分析化学实验常见容器类仪器

仪器	规格	用途	使用注意事项
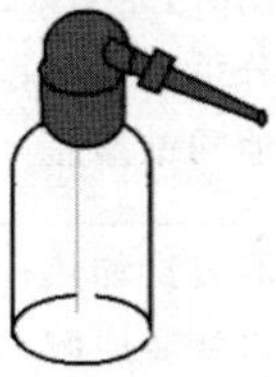 洗瓶	通常为塑料制品 规格按容积（mL）分:250/500	装入清洗溶液，用于溶液配制，仪器和沉淀洗涤	①塑料洗瓶只能用于清洗，不能储存溶液； ②不能用作反应器； ③清洗溶液从瓶嘴流出，以量少为原则
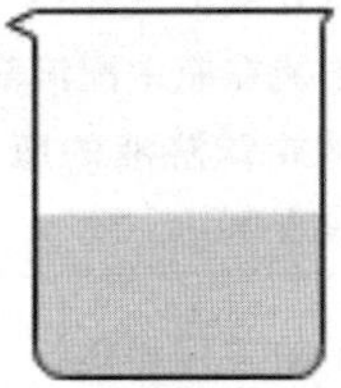 烧杯	分为硬质和软质，有高型和低型之分。规格按容量（mL）分：25/50/100/250/500/…5 000	用作反应容器配制溶液； 可进行煮沸、蒸发浓缩等操作； 简易水浴	①加热之前外壁要擦干，先放溶液后加热，不得干烧； ②反应液体积不超过烧杯容量的 2/3
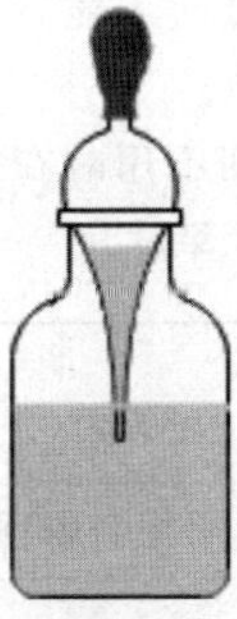 滴瓶	分为塑料和玻璃两种。有棕色和无色之分，常用规格(mL):30/60/125	盛放滴加的溶液	①不能直接加热； ②不能作反应容器； ③使用时滴管要垂直滴加，不可倒置； ④磨口塞配套使用； ⑤棕色瓶盛放见光易分解的溶液，存放碱溶液用塑料瓶
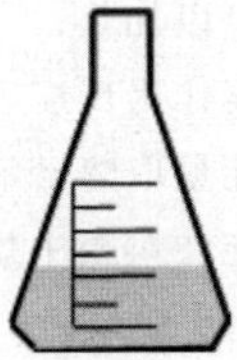 锥形瓶	分为硬质和软质，磨口具塞和无塞。常见规格（mL）：50/150/250/500	滴定分析用容器； 加热处理样品； 反应容器、接收器	①反应液体积不超过锥形瓶容量的 2/3； ②加热时外壁擦干，不可干烧，受热要均匀

续表 2-1-1

仪器	规格	用途	使用注意事项
 碘量瓶	分为硬质和软质，常见规格（mL）：100/250/500	滴定分析中的碘量法操作和易挥发性溶液的反应	①碘量瓶可以加热但温度不能过高，加热时打开瓶塞； ②使用时，瓶塞处的凹进部分可用水封； ③其他同锥形瓶
 细口瓶	磨口的玻璃容器，分为棕色和无色。常见规格（mL）：100/250/500/1 000…	存放液体试剂和储存溶液	①不能直接加热； ②磨口塞要原配，并保持洁净，长期不用时在磨口处垫上纸片； ③不能在瓶中配溶液； ④盛放碱溶液的瓶子用橡皮塞
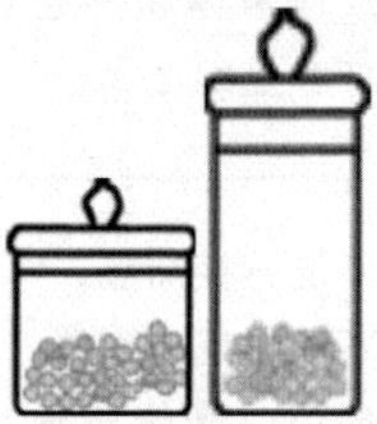 称量瓶	分为高型和扁型两种，规格常以外径（mm）×高（mm）表示：25×40（高型），40×25（扁型）	准确称量固体样品	①不能直接加热； ②磨口塞要配套； ③称量时不能直接用手拿取； ④长期不用时在磨口处垫上纸片

表 2-1-2　分析化学实验常见量器类仪器

仪器	规格	用途	使用注意事项
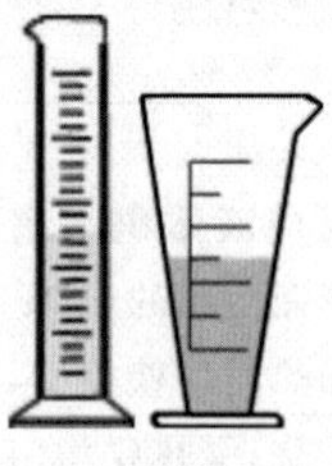 量筒	分为玻璃和塑料两种，上口大下口小的称为量杯。常见规格（mL）：5/10/25/50/100/250/500/1 000	粗略地量取一定体积的液体	①不可以加热； ②不能作为反应容器； ③不能量取热溶液； ④不能在烘箱中烘烤

续表 2-1-2

仪器	规格	用途	使用注意事项
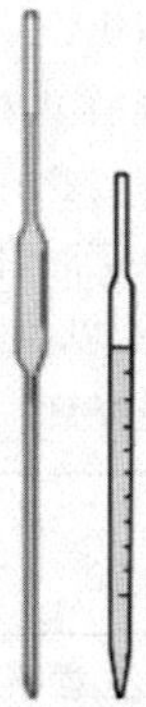 移液管 吸量管	分为单刻度大肚型和分刻度管型两种。以所量液体最大体积（mL）表示，常见规格：1/2/5/10/25/50	用于精确地移取一定体积的溶液	①不可直接加热或移取热溶液；②移取溶液前要用被移取液润洗 3 次；③管口无“吹”字，使用时末端的溶液不允许吹出
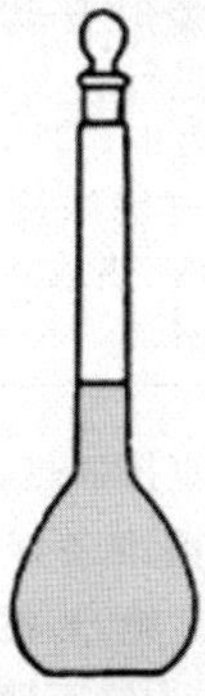 容量瓶	玻璃制品，分为无色和棕色两种。有磨口塞和塑料塞两种。以刻度以下的容积（mL）表示，常见规格：25/50/100/250/500/1 000	准确配制一定浓度的溶液、准确地稀释溶液	①不能加热；②不能用毛刷刷洗；③瓶塞配套使用，注意清洁；④长期不用时在磨口处垫上纸片；⑤不能代替试剂瓶存放溶液；⑥不能将固体放入容量瓶中溶解
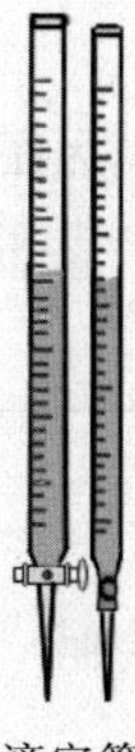 滴定管	分为酸式滴定管和碱式滴定管及酸碱通用型三种，有无色和棕色之分。常见规格按刻度最大标度（mL）有：25/50，还有微量管（mL）：1/2/3/4	用于常量分析的滴定操作；准确地量取一定体积的溶液	①不能量取热液体；②使用时排除气泡；③使用前用量取的溶液润洗 3 次；④酸管磨口活塞要配套，长期不用时要在磨口处垫上纸片；⑤除通用型外，酸碱管不可互换使用

续表 2-1-2

仪器	规格	用途	使用注意事项
 比色管	磨口配有玻璃塞及一条精确的刻度线，常见规格按容积计(mL)：10/25/50	目视比色分析实验的主要仪器，粗略测量溶液浓度	①不能加热；②使用同样规格的比色管进行实验；③洗比色管时，使用毛刷要小心，以免磨伤管壁影响透光度

表 2-1-3　分析实验其他用途类仪器

仪器	规格	用途	使用注意事项
 玻璃砂漏斗	砂芯滤板为烧结陶瓷，规格以孔径的上限值(μm)前冠以字母“P”表示，常用P40和P16	用作细小的颗粒沉淀和细菌的分离	①不能直接用火加热，加热干燥时升温和降温缓慢进行；②用后及时清洗；③不宜过滤浓度高的碱性溶液、热浓磷酸和氢氟酸溶液
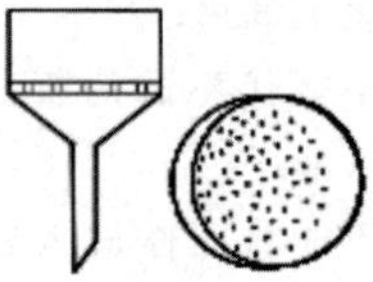 布氏漏斗	陶瓷仪器，常见规格以直径(mm)表示：40/60/80…350	与抽滤瓶配合使用，进行减压过滤，分离晶体和粗颗粒沉淀	①不能直接加热；②使用前准备好大小合适的滤纸，盖住所有的孔洞，边缘不翘起
 抽滤瓶	玻璃制品，有上嘴和上下嘴两种。规格以容量(mL)表示：250/500/1 000	与布氏漏斗配合使用，进行减压过滤，分离晶体和粗颗粒沉淀	抽滤完毕，先打开安全瓶的活塞，再关抽气泵
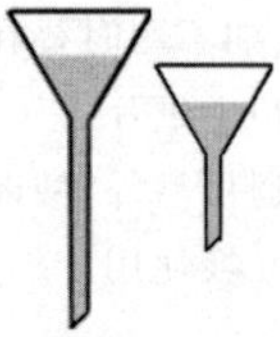 长颈、短颈漏斗	玻璃或塑料质地，有长颈和短颈之分。规格以口径(mm)表示：50/60…	沉淀和溶液分离或者倾注液体	不能直接加热

续表 2-1-3

仪器	规格	用途	使用注意事项
 分液漏斗	有球形和梨形两种，规格以容量(mL)表示:100/250/500/1 000	互不相容的两种溶液分离或向反应体系中加入液体	①不能加热；②磨口塞子配套，活塞处涂凡士林；③长期不用时要在磨口处垫上纸片
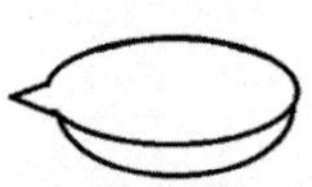 蒸发皿	有瓷质、玻璃、石英及铂制品，分为圆底和平底。规格以口径（mm）或容量（mL）表示：60mL/70mm…	蒸发浓缩液体	①用火直接加热蒸发前要擦干外壁；②加热后不能骤冷；③蒸发皿内溶液的体积不得超过容积的 2/3
 表面皿	规格常以口径(mm)大小表示:45/60/75…	盖住器皿表面，防止灰尘落入或液体溅出或作为容器暂时存放固体、pH 试纸等	不能直接加热
 坩埚	有瓷质、石英和金属等质地。规格以容积（mL）表示：10/15/25…	熔化和精炼金属液体，灼烧固体物质，固体和液体反应的容器	①加热后不能骤冷；②用坩埚钳取放加热的坩埚；③灼烧前须缓慢预热
 干燥器	分为普通干燥器和真空干燥器。规格以直径(mm)表示：150/180/210…	内放干燥剂，存放易受潮的试样，保持灼烧或烘干的物质干燥	①盖子磨口涂有凡士林油，容易滑动打碎；②灼烧后的样品稍冷再放入；③注意观察干燥剂是否失效

2.2 玻璃仪器的洗涤与干燥

2.2.1 定量分析实验玻璃仪器的洗涤

定量分析实验中经常使用各种玻璃器皿，为了得到准确的实验结果，每次实验前后，必须将实验仪器洗涤干净，尤其对于不易洗掉的实验残渣和对玻璃仪器有腐蚀作用的废液，一定要在实验后立即清洗干净。一般来说，污物既有可溶性物质也有灰尘性和不溶性物质，还有有机物及油污等。在定量分析实验中，保持玻璃器皿的清洁是分析实验的一项重要内容。

1. 一般仪器的洗涤方法

对普通玻璃器皿，向容器内加入约 1/3 容量容积的自来水冲洗，再选用合适的刷子蘸洗涤剂刷洗仪器的内外表面，再用自来水冲洗，最后用洗瓶挤压少量的蒸馏水冲洗内壁，将自来水中的离子洗净。注意不要同时拿多个仪器一起刷，以免仪器破损。

对于无法用水洗涤干净的污垢，则可以根据污垢的性质，选用适当的洗液来洗涤，通过化学方法除去，见表 2-2-1。

表 2-2-1 常见污垢处理方法

污　垢	处理方法
MnO_2、$Fe(OH)_3$、碱土金属的碳酸盐	用盐酸处理，对于 MnO_2 污垢，盐酸浓度要大于 6 mol · L^{-1}，也可以加入少量草酸和水，并加几滴浓硫酸来处理：$MnO_2 + H_2C_2O_4 + H_2SO_4 = MnSO_4 + 2CO_2\uparrow + 2H_2O$
沉积在器壁上的银或铜	用硝酸处理
难溶的银盐	用 $Na_2S_2O_3$ 溶液洗，Ag_2S 污垢则需用热的浓硝酸处理
黏附在器壁上的硫黄	用煮沸的石灰水处理
不溶于水，不溶于酸、碱的有机物和胶质等	用有机溶剂洗或者用热的浓碱液洗，常用的有机溶剂：乙醇、丙酮、苯、四氯化碳、石油醚等
瓷研钵内的污垢	取少量食盐放在研钵内研洗，倒去食盐，再用水冲洗
蒸发皿和坩埚上的污垢	用浓硝酸、王水或铬酸洗液处理

常用洗涤剂有：

(1)铬酸洗液。配制方法：将 25 g 重铬酸钾固体，在加热条件下，溶于 50 mL 水中，然后向溶液中加入 450 mL 浓硫酸，边加边搅动，切勿将重铬酸钾溶液加到浓硫酸中。使用洗液时要注意安全，不要溅到皮肤衣物上。重铬酸钾洗液可反复使用，直至溶液变为绿色时失去去污能力。失去去污能力的洗液，要按照废液处理方法处理，不要随意倒入下水道。

(2)合成洗涤剂。这类洗涤剂主要是洗衣粉、洗涤灵等，一般的器皿都可以用它们洗涤，可有效地洗去油污及某些有机化合物。洗涤时，在器皿中加入少量的洗涤剂和水，然后用毛刷反复刷洗，再用水冲洗干净。

(3)盐酸-乙醇溶液。将化学纯的盐酸和乙醇按 1∶2 的体积比进行混合。此洗涤液主要用于洗涤被染色的吸收池、比色管、吸量管等。洗涤时最好是将器皿在此液中浸泡一定时间，然后再用水冲洗。

(4)盐酸。化学纯的盐酸与水以 1∶1 的体积比进行混合(亦可加入少量草酸)，此液为还原性强酸洗涤剂，可洗去多种金属氧化物及金属离子。

(5)氢氧化钠-乙醇溶液。将 120 g NaOH 溶于 150 mL 水中，再用 95%的乙醇稀释至 1 L，此液主要用于洗去油污及某些有机物。用它洗涤度量玻璃仪器时，不可长时间浸泡，以免腐蚀玻璃，影响量器精度。

(6)硝酸-氢氟酸溶液。将 50 mL 浓氢氟酸、100 mL 浓硝酸、350 mL 水相混合，储于塑料瓶中盖紧。这种洗液能有效地去除器皿表面的金属离子，较脏的器皿应先用其他洗涤剂及自来水清洗后再用此溶液洗涤。这种洗涤液对玻璃、石英器皿洗涤效果好，但同时会对器皿表面产生腐蚀。因此精密量器、小容量吸量管、标准磨口活塞、玻璃砂芯漏斗、吸收池及光学玻璃等都不宜使用这种洗涤液。这种洗涤液对人体亦有强烈腐蚀性，操作时要戴橡胶手套，注意安全。

所用的洗涤液用完后排入下水道，将会不同程度地污染环境，因此，凡能循环使用的洗涤液均应反复利用，不能循环使用的则应尽量减少用量。上述几种洗涤液，一般都可循环使用数次。

2. 玻璃量器的洗涤方法【请观看二维码 2-2-1 至二维码 2-2-3 滴定管、移液管和容量瓶使用方法视频】

玻璃量器的洗涤要求较高，较精密的玻璃量器，例如滴定管、移液管、容量瓶等，由于它们形状特殊而且容量准确，不易用毛刷刷洗内壁，常用洗液进行洗涤。具体洗涤方法如下：

二维码 2-2-1 滴定管的使用

二维码 2-2-2 移液管和吸量管的使用

二维码 2-2-3 容量瓶的使用

(1)滴定管的洗涤。洗涤方法根据其玷污程度而定。一般情况下先用自来水冲洗,如洗不净,则用铬酸洗液洗。先尽量控干酸式滴定管,将旋塞关闭。碱式滴定管除去乳胶管,用乳胶头将管口下方堵住。加入约 15 mL 铬酸洗液,双手平托滴定管的两端,不断旋动滴定管,并向管口倾斜,使洗液布满全管(注意:管口对着洗液瓶口或烧杯,以防洗液外溢),可反复操作几次。洗完后,将洗液放回原瓶,再用自来水充分洗涤,然后用少量蒸馏水洗涤 2～3 次。若滴定管太脏,可将洗液注满整个滴定管,挂在滴定管架上浸泡一段时间,此时在滴定管下方应放一烧杯,防止洗液滴在实验台上。

(2)容量瓶的洗涤。先用自来水冲洗,将自来水倒尽,加入 10～20 mL 的铬酸洗液,盖上瓶塞,倾斜转动容量瓶,使洗液布满内壁,转动多次后,将洗液倒回原瓶,然后用自来水充分洗涤,最后用蒸馏水洗 3 次。

(3)移液管和吸量管的洗涤。移液管和吸量管在使用前都应洗至整个内壁和其下部的外壁不挂水珠。因此,可先用自来水清洗,再用铬酸洗液洗涤。左手持洗耳球,用右手拇指和中指拿住移液管或吸量管标线以上部分,无名指和小指辅助拿住移液管。将管尖在吸水纸上粘一下,洗耳球对准移液管口,用洗耳球吹去其中残留的水,然后排出洗耳球中的空气,将管尖伸入洗液瓶中吸取洗液至移液管球部的 1/4 处或吸量管全管的 1/4 处,移开洗耳球,同时用右手的食指堵住管口,把管横过来,左手扶住管下端,松开右手食指,一边转动移液管,一边使管口降低,使洗液布满全管,然后从管的上口将洗液放回原瓶,用自来水充分冲洗,再用洗耳球如上操作,吸取蒸馏水将整个管的内壁润洗 3 次,荡洗的水应从管尖放出,亦可用洗瓶从管的上口吹洗,并用洗瓶吹洗管道外壁。如果移液管或吸量管内壁严重玷污,则应把其放入盛有洗液的大量筒或高型玻璃缸中,浸泡 15 min 到数小时,视其玷污程度而定。

除上述洗涤方法之外,还可使用超声波清洗,只要把用过的玻璃仪器放在盛有合适洗涤剂的超声波仪器中,接通电源,利用超声波的能量和振动,就可以将仪器洗涤干净。

3. 洗涤的标准

洗净的玻璃仪器应该是清洁透明的，当把玻璃器皿倒转过来时，器壁内应不挂水珠，器壁上只留下一层既薄又均匀的水膜。

已经洗净的玻璃仪器，不能再用布或软纸擦拭，防止纸上的少量纤维留在器壁上反而玷污了仪器。

2.2.2　仪器的干燥

1. 晾干法

利用仪器上残存水分的自然挥发而使仪器干燥。将洗净的仪器倒置，放在适当的仪器架上或者仪器柜内，使其在空气中自然干燥(图 2-2-1)。

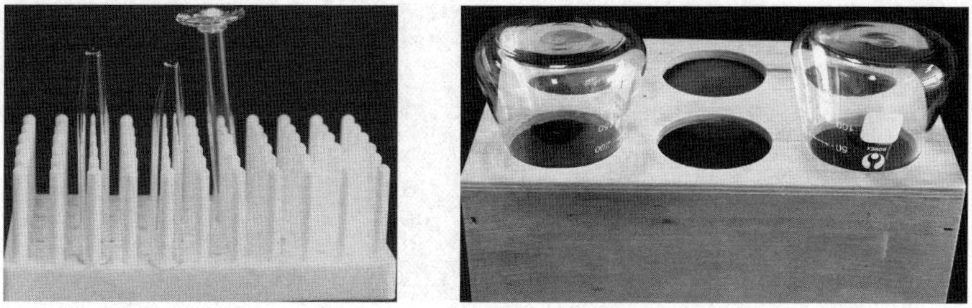

(A)　　(B)

图 2-2-1　晾干仪器

2. 烤干法

利用加热使水分迅速蒸发而使仪器干燥，常用于干燥可加热或耐高温的仪器，如试管、烧杯、烧瓶等。烤干前应先擦干仪器外壁的水珠，然后将烧杯、蒸发皿等置于石棉网上小火烤干(图 2-2-2A)，加热时不断转动仪器使其受热均匀。试管烤干时，应使试管口向下倾斜，以免水珠倒流管内炸裂试管。烤试管时，应先从试管底部开始，慢慢移向管口，不见水珠后，再将管口朝上，把水汽赶尽(图 2-2-2B)。

3. 吹干法

用热或冷的空气流将玻璃仪器吹干，所用的仪器是电吹风或玻璃仪器气流干燥器。用吹风机吹干时，一般先用热风吹干玻璃器的内壁，待干燥后再冷风吹，使其冷却。如果先用易挥发的溶剂，如乙醇、乙醚、丙酮等润洗仪器，将润洗液除尽，然后用吹风机按冷风—热风—冷风的顺序吹，则会干得更快(图 2-2-3)。

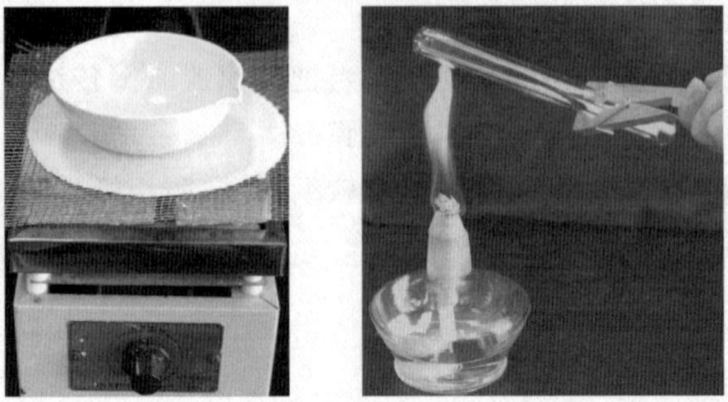

（A） （B）

图 2-2-2 烤干仪器

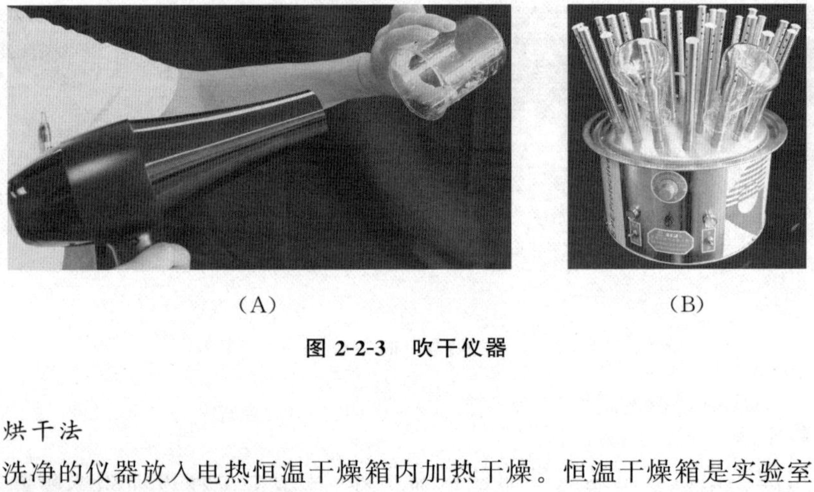

（A） （B）

图 2-2-3 吹干仪器

4. 烘干法

将洗净的仪器放入电热恒温干燥箱内加热干燥。恒温干燥箱是实验室常用的仪器(图 2-2-4)，常用来干燥玻璃仪器或烘干无腐蚀性、热稳定性比较好的化学试剂。挥发性、易燃性物品或刚用酒精或丙酮润洗过的仪器，切勿放入烘箱内，以免发生爆炸。烘箱带有自动控温装置和温度显示装置，将箱内温度控制在 105℃左右，洗净的仪器恒温约半小时即可。不同规格和型号的电热干燥箱通常操作步骤不同，使用时应按说明书进行操作。

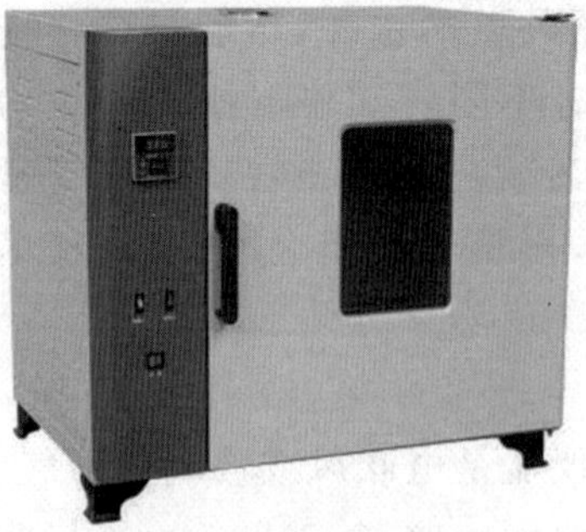

图 2-2-4 恒温干燥箱

2.3　定量分析实验加热仪器

常用加热仪器的使用及加热方法

1. 常用加热仪器

加热是化学实验中常用的方法。实验室中常用的气体燃料是煤气，液体燃料是酒精。化学实验中的加热器具可以分为燃料加热器、电加热器和微波加热器。

燃料加热器是最传统的加热器具，使用的燃料一般为酒精、煤气或天然气、液化气，如酒精灯、酒精喷灯、煤气灯等。燃料加热器使用明火加热，不适于在高压、易燃和有机环境中使用，因此多用于无机化学实验中。

定量分析实验常用的电加热装置主要有电炉、电加热套、电加热板、管式炉和马弗炉、微波辐射加热等。

电炉和电加热套及电加热板（图 2-3-1）可以代替煤气灯或酒精灯。用电炉时需在加热容器和电炉之间垫一块石棉网，以便溶液受热均匀，还能保护电炉丝。电炉和电加板按功率大小有 500 W、800 W、1 000 W 等规格。温度的高低可以通过调节电阻来控制。

(A)万用电炉　(B)封闭电炉　(C)电热板

图 2-3-1　电炉与电加热板

管式炉和马弗炉（图 2-3-2）都属于高温电炉，主要用于高温的灼烧或进行高温反应。它们外形不同，但结构类似，均由炉体和温度控制器两部分组成。前者最高使用温度可达到 950℃左右，如果使用硅碳棒加热，最高使用温度可达到 1 300℃左右。在管式炉中灼烧的样品，应装在耐高温的瓷盘中。

微波辐射加热常用的装置是微波炉（图 2-3-3）。微波炉主要由磁控管、波导、微波腔、方式搅拌器、循环器和转盘 6 个部分组成。微波炉加热原理是利用磁控管将电能转换成高频电磁波经波导入微波腔，进入微波腔内的微波经方式搅拌器作用,可均匀分散在各个方向。在微波辐射作用下,微波能量对反应物的耗散通过偶极分子旋转和离子传导两种机理来实现。极性分子接受微波辐射能量后,通过分子偶极,以每秒数十亿次的高速旋转产生热效应。此瞬间变态是在反应物内部进行的,因此微波炉加热叫作内加热。内加热具有加热速度快、反应灵敏、受热体系均匀以及高效节能等特点。

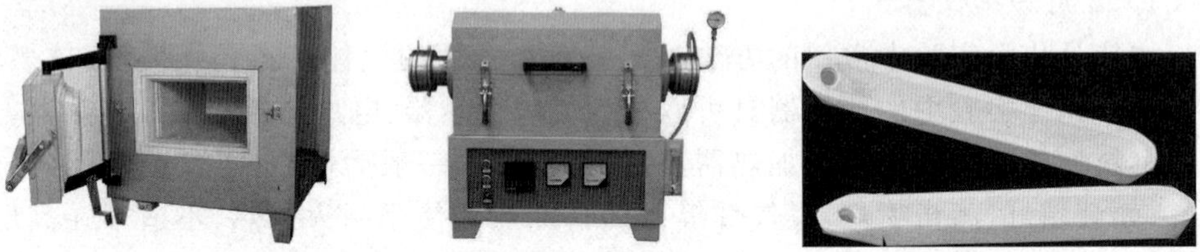

(A)马弗炉　(B)管式炉　(C)瓷舟

图 2-3-2　马弗炉、管式炉和瓷舟

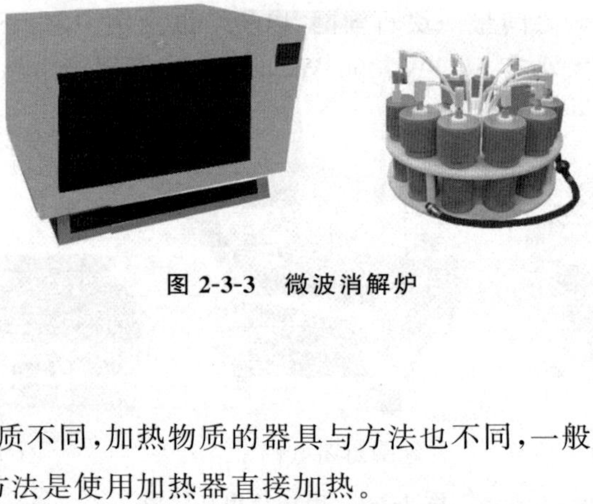

图 2-3-3　微波消解炉

2. *加热方法*

由于物质的性质不同,加热物质的器具与方法也不同,一般分为直接加热与间接加热,最简单的方法是使用加热器直接加热。

(1)直接加热。直接加热是将被加热物质直接放在热源中进行加热,如在酒精灯上加热试管和坩埚等。

①当被加热的液体在较高的温度下稳定而不分解,又无着火危险时,可将盛有液体的器皿放在石棉网上,用酒精灯或煤气灯直接加热,对于少量液体可以放在试管中加热。

②需要在高温下加热固体物质时,可以把固体物质放在坩埚中,将坩埚置于泥三角上,用氧化焰灼烧,不要让还原焰接触坩埚底部,以免坩埚底部集聚炭黑。灼烧开始时,先用小火烘烧坩埚,使坩埚受热均匀,然后加大火焰。按实验要求控制

温度和时间。停止加热时，首先关闭煤气灯或熄灭酒精灯，取高温下的坩埚时，必须用干净的坩埚钳，使用前应在火焰上预热钳的尖端，再去夹取坩埚，坩埚钳用后应平放在石棉网上，尖端向上，保证坩埚钳尖端洁净(图 2-3-4)。

图 2-3-4　固体的直接加热

煤气灯灼烧，温度可达到 700～800℃，若需要更高的温度灼烧，可以使用马弗炉或管式炉，可以准确地控制灼烧温度与时间，但是使用时要注意根据温度，选用合适的反应容器。

(2)间接加热。间接加热是先用热源将某个介质加热，介质再将热量传递给被加热的物质，这种方法也称之为热浴。常见的热浴有水浴、油浴、沙浴等，热浴的优点是加热均匀，升温平稳，并能使被加热的物质保持一定的温度。

①水浴加热是在水浴锅中进行，水浴锅的盖子有一组大小不同的同心金属圈、金属环组成，根据加热器的容器大小，去掉部分圆环，原则是尽可能增大受热面积，而又不使器皿掉在水里(图 2-3-5A)。水浴锅内盛水量不要超过其容积的 2/3。

实验室常用大烧杯代替水浴锅加热(水量占烧杯容积的 2/3)，在烧杯中放一支架，将试管放在支架上，进行试管的水浴加热；在烧杯上放一个蒸发皿，也可以作为简易的蒸汽浴加热装置(图 2-3-5B)。

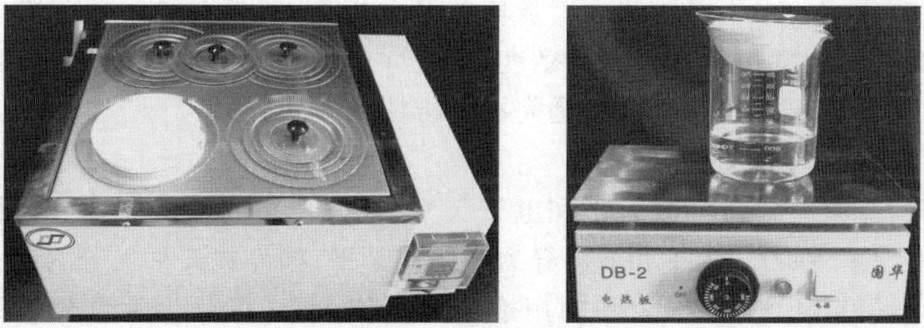

(A)恒温水浴加热　　(B)简易蒸汽浴加热

图 2-3-5　水浴加热

②用油代替水浴中的水，将加热容器置于热浴中，即为油浴(图 2-3-6A)。油浴所能达到的最高温度，取决于所用油的种类，甘油可加热至 220℃，温度再高会分解；透明石蜡，可加热至 320℃，温度再高不分解，但易燃烧；它们是实验室中常用的油浴油。硅油和真空泵油加热至 250℃，仍较稳定使用。油浴时，应在油浴中

放入温度计观测温度，以便调整火焰，防止油温过高。

③沙浴适用于400℃以下的实验，沙浴是在敷有一层均匀细沙的铁制器皿上加热，可以将器皿中预备加热的部分埋入细沙中，将温度计的水银球部分埋入深处的沙洲中，不要触到底部，沙浴的特点是，升温比较缓慢，停止加热后，散热也较慢(图2-3-6B)。

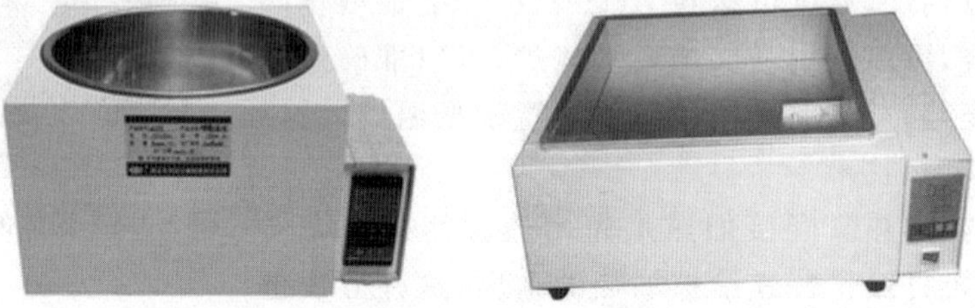

(A)油浴锅　　(B)沙浴锅

图 2-3-6　油浴与沙浴

2.4　定量分析实验分析仪器

2.4.1　分析天平与称量

定量分析实验中不可或缺的衡量器就是分析天平，是实验中用于准确获得物质质量的仪器，通常指具有较高灵敏度、最大称量在200 g以下的精密天平。正确并熟练掌握分析天平的使用方法是完成分析任务的基础。

1. 分析天平的分类

根据构造原理分为机械天平和电子天平；根据天平的平衡原理分为杠杆式天平、电磁力天平、弹力式天平和液体静力平衡式天平；杠杆式天平又分为双盘等臂天平和单盘不等臂天平；根据天平的用途或分度值大小，可分为常量分析天平(0.1 mg/分度值，载重量100 g或200 g)亦称为万分之一天平，半微量分析天平(0.1 mg/分度值，载重量22 g或52 g)亦称为十万分之一天平和微量分析天平(0.001 mg/分度值，载重量22 g或52 g) 亦称为百万分之一天平。根据天平的准确等级分为Ⅰ级-特种准确度(精细天平)、Ⅱ级-高准确度(精密天平)、Ⅲ级-中等准确度(商用天平)、Ⅳ级-普通准确度(粗糙天平)。几种常见天平见图2-4-1。

2. 分析天平计量性能

天平的计量性能主要包括稳定性、灵敏性、正确性和天平示值的不变性。

(A)半自动电光分析天平　(B)分析天平　(C)电子天平

图 2-4-1　常见的天平

稳定性是指已经平衡的天平受到外力扰动,离开平衡位置后,能自动恢复到原来平衡位置的能力。稳定性越好,天平越稳。天平的稳定性与灵敏性、示值不变性密切相关,所以天平的计量检定,只要求检定灵敏性、正确性和不变性三大计量性能。

灵敏性是指天平对微小的重量或质量变化做出反应的特性,也是指天平能觉察出放在秤盘上的物体质量改变量的能力,通常用灵敏度来表示。

灵敏度是天平灵敏性的具体量值。天平平衡后,每加上 1 mg 砝码时,指针在标牌上所移动的距离,称为灵敏度。单位质量所引起的天平标尺移动的分度值称为天平的分度灵敏度 E_n,E_n 值越高,天平指针所移动的距离愈大,天平越灵敏,如万分之一天平的灵敏度为 10 格/mg。天平的灵敏性也常用引起单位分度变化所具有的质量值表示,称为感量 D,$D=1/E_n$。这个质量值越小,天平的灵敏性就越好。

正确性是指天平本身的系统误差能控制到尽可能小的能力。对于双盘天平,横梁两臂的长度之差应符合一定的要求,它的正确比例关系是 1∶1。如果两臂不相等,就会造成衡量结果失准,而且随着载荷的增加不等臂误差也随之加大。因此双盘天平的正确性通常用天平的不等臂性误差表示,将一对等质量砝码分别放到两个秤盘上,测定天平的平衡位置,即可计算天平的不等臂误差。对于单盘天平或电子天平,不存在不等臂性误差,正确性通常指天平在不同载荷下能否将线性偏差控制在规定的范围内。

不变性表示天平在相同条件下,对同一物体连续多次称重,所得的称量结果的一致性或可靠程度。也指现有工作状态下多次开启天平后,其平衡位置的再现性。测量示值变动性越小,说明不变性越好。

3. 电子天平【请观看二维码 2-4-1 电子分析天平操作视频】

电子天平是通过作用在物体上的重量来测定物体的质量，并采用数字指示输出结果的计量器具。它的支撑点采取弹性簧片，用差动变压器取代机械天平的升降枢装置，用数字显示代替指针刻度，根据电磁力平衡原理，使物体在重力场中实现力的平衡。测量过程中不需要砝码，可以自动调零、自动去皮、超载显示、故障报警以及自动显示称量结果。由于它的称量速度快，精度高，当今在各个领域被广泛应用。

二维码 2-4-1　电子分析天平的使用

(1)电子天平的种类。按传感器的方式划分有电磁平衡式、电感式、电阻应变式和电容式 4 类。按电子天平的精度来分有超微量电子天平(分度值小于最大被称质量的 10^{-6}，最大称量为 2～5 g)、微量天平(分度值小于最大被称质量的 10^{-5}，最大称量为 3～50 g)、半微量天平(分度值小于最大被称质量的 10^{-5}，最大称量为 20～100 g)和常量电子天平(分度值小于最大被称质量的 10^{-5}，最大称量为 100～200 g)。

(2)电子天平称量原理。电磁平衡式电子天平是目前国际上高精度天平普遍采用的一种形式。称量原理是电磁力与物质的重力相平衡。秤盘通过支架连杆与一线圈相连，该线圈置于固定的永久磁铁——磁钢之中，在称量范围内，被测物的重力 mg 通过连杆支架作用于线圈上，当线圈通电时自身产生方向向上的电磁力 F，$F=KBLI$，其中 K 为常数，B 为磁感应强度，L 为线圈导线的长度，I 为通过线圈导线的电流强度。达到平衡时，该力与称盘中称量物的向下重力 mg 大小相等、方向相反。则对于磁场中的通电线圈，流经其内部的电流 I 与被测物体的质量 m 成正比，只要测出电流 I 即可知道物体的质量 m。

(3)电子天平外观结构组成。电子天平按结构可以分为上皿式(秤盘在支架上面)和悬盘式天平(秤盘吊挂在支架下面)，目前广泛应用的是上皿式天平。虽然电子天平的种类型号多，但基本结构相同。图 2-4-2 显示的是赛多利斯 ALC-110.4 型号上皿式多功能天平的外部结构组成。

4. 电子天平使用方法

(1)电子天平的校准。电子天平是靠重力完成称量过程的，由于不同地区重力加速度不同，使得称量数值存在差异，因此为了获得准确的称量结果，必须进行校准以适应当地的重力加速度。此外因存放时间较长、位置移动、环境变化等因素，电子天平在使用前也应进行校准操作。校准方法分为内校准和外校准两种。内校准是指校准砝码放置在电子天平内部，校准时只需按一下校准键就可以完成校准过程。外校准是指通过人工取放标准砝码完成校准天平的过程，砝码用单独的砝码盒保存。

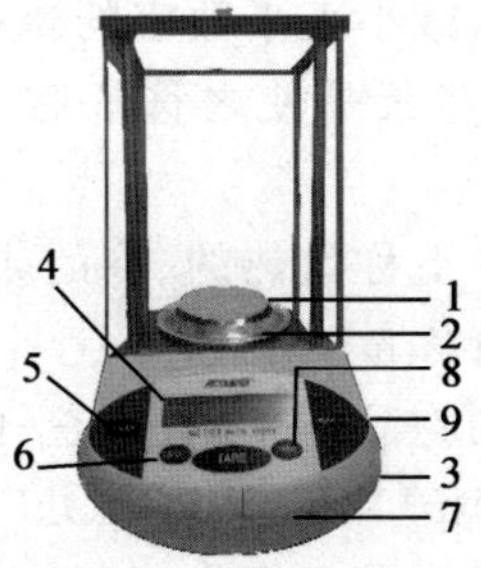

(A)ALC-110.4 型电子天平正面

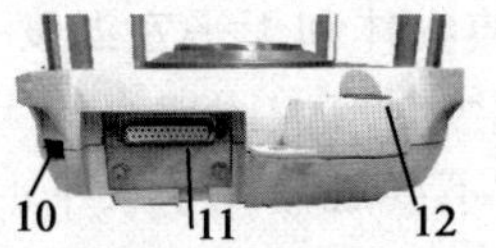

(B)ALC-110.4 型电子天平背面

图 2-4-2　赛多利斯 ALC-110.4 型电子天平

1.秤盘；2.屏蔽盘；3.地脚螺栓；4.显示器；5.CAL 校正/清除键；6.ON/OFF 开/关；7.TARE 去皮键；8.PRINT 打印键；9.FUNCTION 功能键；10.电源插口；11.数据接口；12.水平仪

内校准法和外校准法并不影响电子天平的准确性，但外校准的标准砝码易受污染，产生损耗，使得天平的校准出现偏差。通常外校准天平比内校准天平价格低。

外校准方法（以赛多利斯 ALC-110.4 为例）：首先调节天平的水平，待天平充分预热之后，按开关键，显示器出现 0.000 0 g，再轻按 CAL 键，显示器出现“+100.000 0”，表示校准需用 100 g 的标准砝码。此时把准备好的“100 g”校准砝码放上称盘，经较长时间后显示器出现“+100.000 g”，取出校准砝码，显示器出现 0.000 0 g，校准结束，若出现的数字不为零，则再按 TARE 键清零，再重复以上校准操作，直至显示器出现 0.000 0 g。

（2）电子天平的使用。

①调节水平，观察天平后面的水准器内的水平泡是否在圆圈中央，否则需调节天平下面的地脚螺栓。

②接通电源预热 30 min 以上。

③按 ON/OFF 键，天平经过自检之后，显示器出现“0.000 0 g”，如果数字显示的不是“0.000 0 g”，需要按一下 TARE 键。

④在秤盘的中央轻轻放入被称物品，显示屏上的数字快速变化，待数字稳定并出现质量单位“g”后，即可读数，并在记录本上记录称量结果。

⑤称量完毕，取下被称物品，按 ON/OFF 键，不必拔掉电源，使天平处于待机状态，显示器数字消失，在下角出现一个“○”，再次称量时，按 ON/OFF 键即可。

（3）电子天平使用的注意事项。

①为减少气流、振动、电磁干扰等环境因素对天平的影响，天平的工作台要平稳，防止阳光直射；避免放置在空气对流的通道上。

②天平室的相对湿度应保持在 50%～70%，称量过程中，天平室的温度变化

不应太大，天平使用之前必须预热 30 min 以上，减小天平数字的飘移现象。

③进行称量操作时，动作要轻、缓。注意触碰天平使之移位后，天平水平是否改变。

④不得直接将样品放于秤盘中，不能在天平上称量热的、冷的或散发腐蚀性气体的物品，应使物体和天平室温度一致后再进行称量。

⑤称量读数时应关闭所有的天平门，称量的物品不得超过天平的最大载荷量。

⑥称量时不要触碰电子天平的 PRINT 打印键和 FUNCTION 功能键。

⑦使用过程中如果发现天平不正常，应及时向老师报告，不要自行处理。

(4)称量方法。

分析天平是定量分析实验中最基本、最重要的精密仪器之一，天平分度值与载重量有密切关系，见表 2-4-1，称量的准确度直接影响测量结果。

表 2-4-1 天平精度分级表

精度级别	1	2	3	4	5	6	7	8	9	10
名义分度值与最大载荷之比	1×10^{-7}	2×10^{-7}	5×10^{-7}	1×10^{-6}	2×10^{-6}	5×10^{-6}	1×10^{-5}	2×10^{-5}	5×10^{-5}	1×10^{-4}

如：天平名义分度值为 0.1 mg。最大载荷为 200 g，其相对精度为：

$$相对精度=\frac{名义分度值}{最大载荷}=\frac{0.1}{200\times10^{3}}=5\times10^{-7}$$

根据样品的性质及称量的目的，使用天平称量一般可用下列方法：

①直接称量法。分析天平调节好零点后，将被称物直接放在天平上显示的读数即为被称物的质量。若被称物为干燥洁净的器皿、块状的金属物等，可用镊子和干净的纸条将它直接放入秤盘上称量(图 2-4-3)。这种方法适用于称量洁净干燥的器皿、块状及其他不易潮解和升华的固体试样。

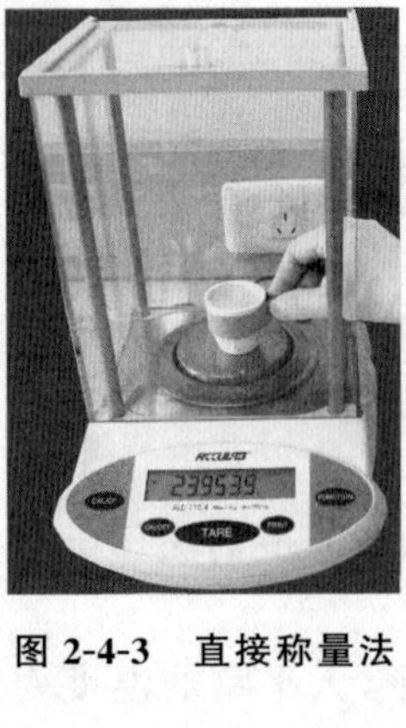

图 2-4-3 直接称量法

②减量法(差减法)。将适量的待称样品置于洁净干燥的称量瓶中准确称量其质量。从分析天平中取出称量瓶，根据所称量范围，小心将样品倾倒入实验器皿中。再称称量瓶和剩余样品的总质量，两次称量的结果之差即为倾出样品的质量，如此重复可以连续称量多份样品。此方法适用于粉末状和颗粒状的样品。

常用的称量器皿是称量瓶，是带有磨口塞的小玻璃瓶，将试样物质装入瓶内可直接在天平上称量。磨口塞可以防止瓶中的试样吸收空气中的水分和二氧化碳，因此适用于称量易吸潮的试样。称量瓶在使用前要洗净烘干，使用时不可直接用手拿取，而应该用洁净的纸条或佩戴手套使用。一手拿着瓶子中部，另一只手捏住瓶子的盖。倾倒样品时从天平上取下称量瓶，移至盛接样品的容器口上方，小心打开瓶盖，用瓶盖的下底面轻轻地敲击瓶口上沿，使瓶体倾斜，让样品缓缓落入容器。估计倾倒样品够量时边敲击瓶口，边将瓶体竖直，使粘在瓶口的试样落入容器中，盖好瓶盖后，即可离开容器上方，再放入天平中称量（图 2-4-4）。

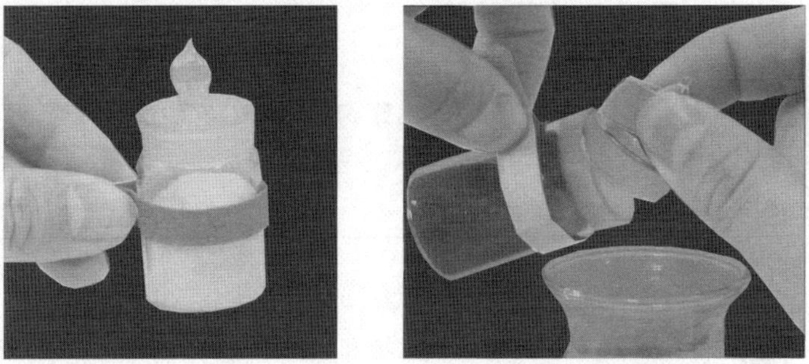

（A）取放称量瓶　　（B）敲出样品

图 2-4-4　差减称量法

③固定质量称量法（增量法）。固定质量称量法一般用于称量指定质量的试样，如配制指定浓度的标准溶液时，即需要准确称量确定质量的基准物。此方法不适于称量吸潮的试样，适于能在空气中稳定存在的粉末状或小颗粒试样。常以称量纸或小烧杯作为称量器皿。操作方法：先将容器（称量纸或小烧杯）置于天平上准确称出其质量、记录，然后再用药勺将试样慢慢加入盛放试样的器皿中，在接近所需质量时，右手拇指和中指拿药勺，食指轻弹药勺勺柄，将药勺里的试样缓慢地抖入称量容器中，直至达到所需质量（图 2-4-5）。

图 2-4-5　固定量称量法

2.4.2 酸度计的使用

酸度计也称为 pH 计，是通过电势差法测量液体 pH 的一种广泛使用的化学分析仪器。酸度计根据使用形式可以分为笔式酸度计、便携式酸度计、实验室台式酸度计和工厂在线酸度计（表 2-4-2）；根据仪器精度可分为 0.2 级、0.1 级、0.02 级、0.01 级和 0.001 级，数字越小，精度越高。常用类型有雷磁 pHS-25 型、pHS-3C 型、pHG821 型袖珍式离子计。虽然酸度计的结构和型号不同，但基本原理一致。

表 2-4-2 酸度计按使用形式分类

类别	使用范围
 笔式酸度计	主要用于代替 pH 试纸的功能，使用方便，但精度低
 便携式酸度计	主要用于现场和野外测量，有相对较高的精度和完善的功能
 实验室台式酸度计	实验室使用的台式高精度分析仪器，精度高、包括打印输出等多功能，不仅可以测量 pH，还可以测量氧化还原电对的电极电势，用于电位滴定
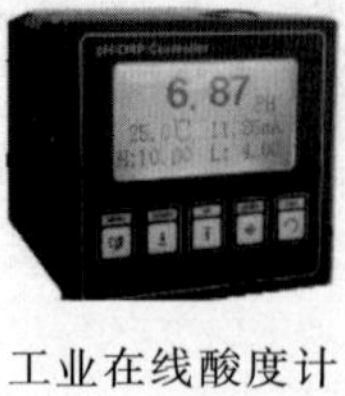 工业在线酸度计	用于工业流程的连续测量，不仅要有测量显示功能，还要有报警和控制功能

酸度计由电极和精密电流计两部分组成，电极包括参比电极（甘汞电极）和测

量电极(玻璃电极)。

甘汞电极(图 2-4-6)由金属汞、氯化亚汞和氯化钾固体与溶液组成。接酸度计的正极,电极反应:

$$Hg_2Cl_2(s) + 2e^- = 2Hg(l) + 2Cl^-(aq)$$

$$\varphi(Hg_2Cl_2/Hg) = \varphi^{\ominus}(Hg_2Cl_2/Hg) - \frac{2.303RT}{F}\lg\alpha(Cl^-)$$

显然甘汞电极的电极电势与氯离子浓度有关,在一定温度和浓度下是一个定值,不随溶液的 pH 变化而变化,25℃时为 0.241 V。

玻璃电极(图 2-4-7)接酸度计的负极,内置银/氯化银电极和 0.1 $mol \cdot L^{-1}$ HCl,特殊的是其下端由敏感玻璃膜构成的玻璃球泡。玻璃薄膜对氢离子有敏感作用,当它浸入被测溶液内,被测溶液的氢离子与玻璃球泡表面水化层进行离子交换,玻璃球泡内外层也产生电极电势。由于内层氢离子浓度不变,外层氢离子浓度在变化,所以内外层的电势差在变化,因而玻璃电极的电极电势随外界溶液 pH 的变化而变化。

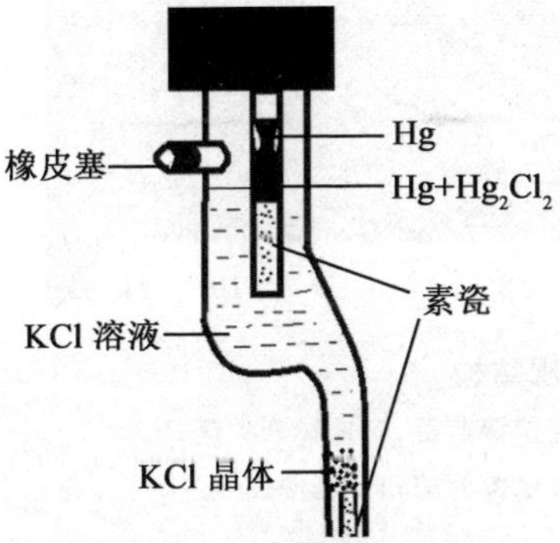

图 2-4-6　饱和甘汞电极

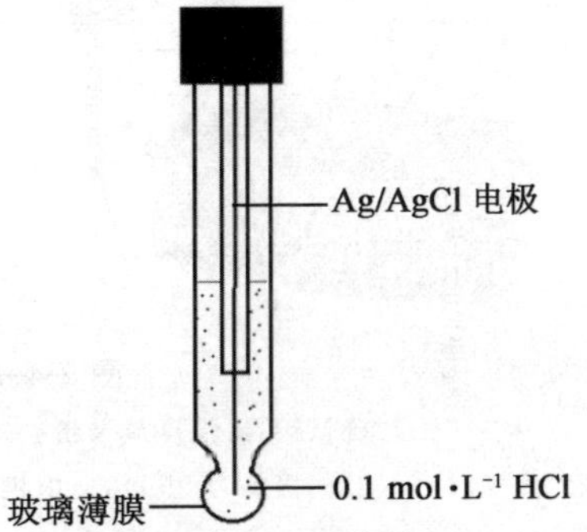

图 2-4-7　玻璃电极

$$\varphi_{玻璃电极} = K + \frac{2.303RT}{F}\lg\alpha(H^+,试液) = K - \frac{2.303RT}{F}pH$$

玻璃电极在使用前需要在去离子水中浸泡 24 h,目的使玻璃膜充分水化,只有水化后的玻璃电极对 H^+ 才有响应,而且可以减小不对称电势并使之恒定。

将玻璃电极和甘汞电极插入被测溶液中组成原电池:

(—)Ag,AgCl | HCl(0.1 $mol \cdot L^{-1}$) | 玻璃膜 | 试液 ‖ KCl(饱和) | Hg_2Cl_2,Hg(+)

$$\varepsilon_{试液} = \varphi(Hg_2Cl_2/Hg) - \varphi_{玻璃电极} = K' + \frac{2.303RT}{F}pH$$

虽然 K 表示在一定条件下的常数，但 K 中包含的不对称电势是未知数，不能通过测量电动势直接求得 pH，所以必须先用已知准确 pH_s 的标准缓冲溶液来校准仪器，消除不对称电位的影响，然后在相同的条件下测定待测液的 pH_x。换言之，待测液的 pH 实际上是与其 pH 最接近的标准缓冲溶液进行比对得到的。

$$\varepsilon_{试液}-\varepsilon_{标准}=\frac{2.303RT}{F}(pH_{试液}-pH_{标准})$$

$$pH_{试液}=\frac{F(\varepsilon_{试液}-\varepsilon_{标准})}{2.303RT}+pH_{标准}$$

pHS-3C 酸度计【请观看二维码 2-4-2 pHS-3C 酸度计操作视频】

1. pHS-3C 型酸度计结构图

pHS-3C 型酸度计结构如图 2-4-8 所示。

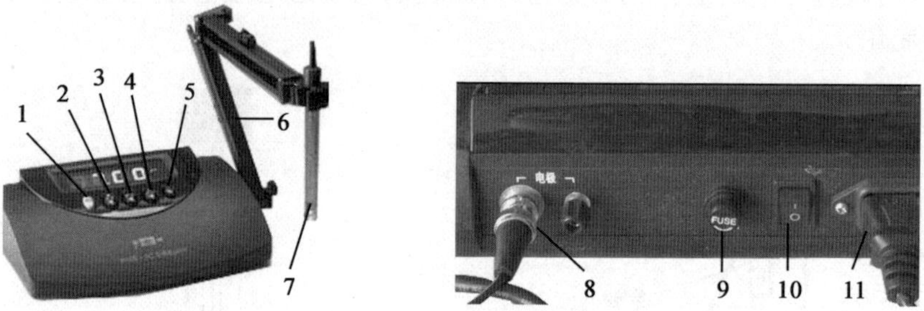

图 2-4-8　酸度计的外观结构

1. 确认键；2. 温度调节键；3. 斜率调节键；4. 定位调节键；5. 选择开关键；6. 电极夹；7. 电极；8. 电极插座；9. 保险；10. 电源开关；11. 电源插座

2. pHS-3C 型酸度计操作步骤

二维码 2-4-2　pHS-3C 酸度计操作（按键型）

(1)开机前准备。将浸泡过的复合电极夹入电极夹，拧下电极前端的电极套，用蒸馏水清洗电极，并用吸水纸将电极头部的水分吸干。

(2)酸度计的背面有电源接口，打开仪器的电源开关，预热半小时。

(3)校准。按“选择”键，仪器进入 pH 工作状态；按“温度”键，调节向上或向下的按键，使显示为溶液温度值，然后按“确认”键。把用蒸馏水清洗过的电极插入 pH＝6.86 标准缓冲溶液中，烧杯中的溶液没过电极玻璃泡，轻轻摇动烧杯，待电极充分响应后，按“定位”键，此时 pH 指示灯开始闪烁，调节定位键向上或向下，使仪器显示读数与标准缓冲液的 pH 一致，按“确认”键，pH 指示灯停止闪烁。将电极取出，用蒸馏水洗净，吸干水分，再插入 pH＝4.00 的标准缓冲液中，摇匀，按“斜率”键，此时 pH 指示灯开始闪烁，调节斜率键向上或向下，使仪器显示读数与标准缓冲液的 pH 一致，按“确认”键，pH 指示灯停止闪烁。重复进行校准，直到不需要再调节定位和斜率按键为止。仪器完成校准。

(4)测量。pH 计校准结束后，进入测量状态。将复合电极用蒸馏水清洗干净，吸干水分，把电极放入被测溶液中，轻轻摇匀，待读数稳定后，显示屏上的读数就是溶液的酸度。记录读数之后，取出电极，用蒸馏水清洗，再带好前端的电极套，关闭电源。

(5)注意事项。

①仪器校准通常采用两点校准法，首先用 pH＝6.86 的标准缓冲溶液，其次用接近被测溶液 pH 的缓冲液，若被测溶液为酸性时，应选 pH＝4.00 的标准缓冲溶液；若被测溶液为碱性时，则选 pH＝9.18 的标准缓冲溶液。

②通常使用复合电极代替玻璃电极和饱和甘汞电极，在使用之前用复合电极浸泡液浸泡活化。

③复合电极的玻璃敏感膜易碎，在操作过程中要保护，防止损坏和污染。

④复合电极使用后及时将电极帽套好，帽内有足够的浸泡液。

2.4.3　分光光度计的使用

【请观看二维码 2-4-3 722N 型分光光度计操作视频】

分光光度法是基于物质对不同波长的光具有选择性吸收能力而建立起来的分析方法。当一束平行单色光垂直照射并通过某一均匀非散射的吸光物质时。其吸光度 A 与吸光物质的浓度 c 及吸收层厚度 b 成正比（图 2-4-9）。

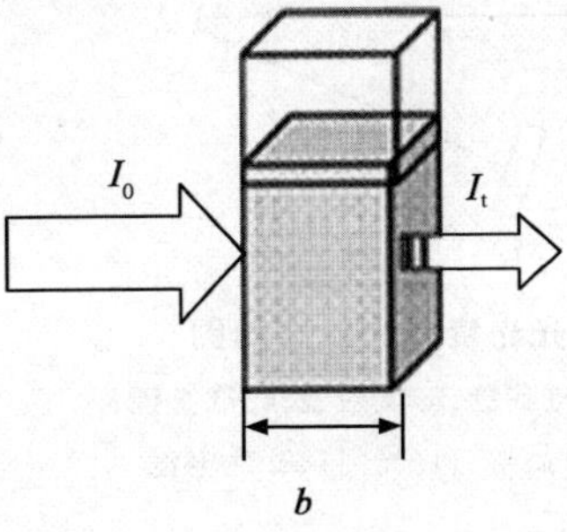

图 2-4-9　朗伯-比尔定律示意图

二维码 2-4-3　722N 型分光光度计操作

$$A = abc = \lg \frac{1}{T} = \lg \frac{I_0}{I_t}$$

式中：b 表示液层厚度，c 表示溶液浓度，a 是吸光系数，T 表示透光度。如果液层厚度用 cm 为单位，溶液浓度用 $mol \cdot L^{-1}$ 为单位，吸光系数 a 常用 ε 表示，称为摩尔吸收系数，单位 $L \cdot mol^{-1} \cdot cm^{-1}$。一般 ε 越大，物质对该波长的光的吸收越强。

$$A = \varepsilon bc = \lg \frac{1}{T} = \lg \frac{I_0}{I_t}$$

由公式可知，当入射光、摩尔吸收系数和溶液厚度一定时，吸光度只与溶液的浓度成正比。A 越大，表明溶液对某波长的光吸收越多。通过测定一系列标准溶液和试液的吸光度，用标准工作曲线法即可求得样品中物质的浓度。

分光光度计是利用分光光度法对物质进行定量分析的仪器，型号类别很多，从分光光度计的组成看，基本结构是一致的，由光源、单色器、吸收池、检测器和显示器五部分组成。

2.4.3.1 722N 型可见光分光光度计

722N 型可见分光光度计采用光栅自准式色散系统和单光束结构光路，如图 2-4-10A 所示。

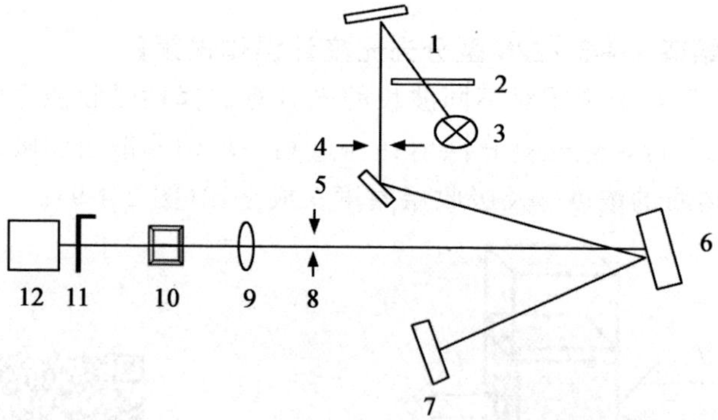

图 2-4-10A　722N 型可见分光光度计光路结构图

1. 聚光镜；2. 滤色片；3. 钨卤素灯；4. 进狭缝；5. 反射镜；6. 准直镜；7. 光栅；8. 出狭缝；9. 聚光镜；10. 样品架；11. 光门；12. 光电池

钨卤素灯发出的连续辐射光经过滤色片分辨后，由聚光镜聚光，投向单色器进入狭缝，此狭缝正好位于聚光镜和单色器内准直镜的焦平面上，因此进入单色器的复合光经过平面反射镜反射和准直镜准直，变成平行光射向色散元件光栅，光栅将入射的复合光通过衍射作用形成一定顺序均匀排列的连续的单色光谱，重新回到准直镜上，再利用聚光原理成像在出镜狭缝上，出镜狭缝选出指定带宽的单色光通过聚光镜落在测试的样品中心，样品吸收透过的光再被光电池接收。

1. 722N 型分光光度计的外观(图 2-4-10B)

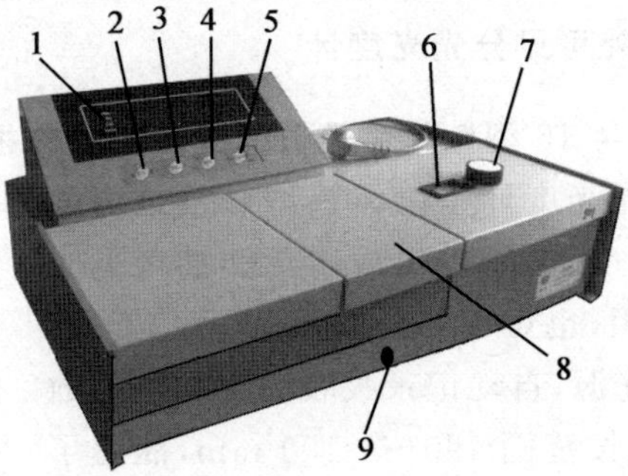

图 2-4-10B　722N 型分光光度计的外形结构

1. 数字显示器；2. A/T/C/F 键；3. ▽/0%；4. △/100%；5. SD 键；6. 波长刻度窗；7. 波长手轮；8. 样品室；9. 试样架拉杆

2. 722N 型分光光度计的使用方法

(1)首先插上电源，打开开关，打开试样室盖，按“A/T/C/F”键，选择“T”状态，选择测量所需波长，预热 30 min。

(2)预热之后，将装有参比溶液和试样的比色皿依次放入比色皿架中，要注意比色皿要用溶液润洗，装液到比色皿的 3/4 处，用吸水纸吸干比色皿外部所沾的液体，将比色皿的光面对准光路放入比色皿架。

(3)保持在“T”状态，轻轻地关上试样室盖，拉动拉杆，将参比溶液放入光路中，屏幕应显示“100.0”，如不是，按△/100%”键，反复若干次，直至屏幕显示“100.0”。

(4)打开试样室盖，屏幕应显示“000.0”，如不是，按“▽/0% ”键，重复 2～3 次，直至屏幕稳定显示“000.0 ”。

(5)关上试样室盖，按“A/T/C/F”键，调到“Abs”状态，屏幕应显示“0.000”，拉动拉杆，将测试样品拉入光路，记下吸光度 A。

(6)测定结束后用蒸馏水将比色皿清洗干净，控干，放入盒内。

3. 注意事项

(1)开关样品室盖及拉动拉杆时动作要轻缓。

(2)使用比色皿时手指应接触磨砂玻璃面,不要在仪器上方倾倒测试样品,要将比色皿外部擦干净。测试时,比色皿一定要对准光路。

(3)每次调整波长后,应重新校准仪器。

(4)为防止光电管老化,在不测定的时候要将样品室盖打开,避免光电管长时间受强光照射。

(5)测定时应尽量使吸光度在 0.2～0.8 之间,可以得到较高的准确度。

2.4.3.2 T6 型紫外可见分光光度计

【请观看二维码 2-4-4 T6 型紫外可见分光光度计操作视频】

T6 型紫外可见分光光度计是以卤钨灯和氘灯为光源的准双光束型分光光度计,基本组成与 722 型可见光度计相同,可以单机使用,也可以与计算机连用,实现自动波长扫描,自动切换光源,自动记录吸收曲线和进行数字处理。允许测定的波长范围 190～1 100 mm,涵盖了紫外和可见光波长的范围。

二维码 2-4-4 T6 型紫外可见分光光度计的使用

光学系统和外观结构如图 2-4-11 和图 2-4-12 所示。

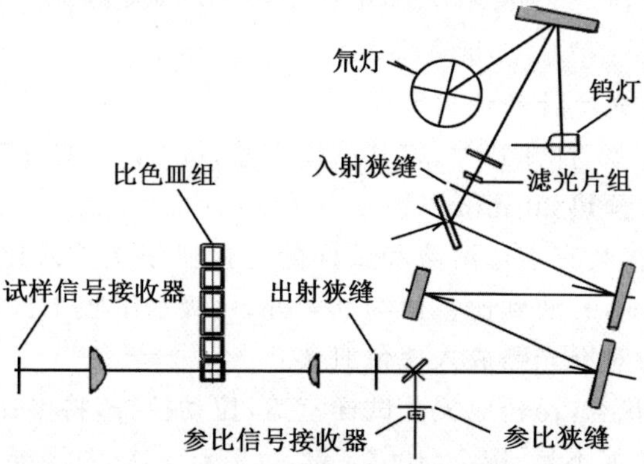

图 2-4-11 T6 型紫外可见分光光度计的光学系统

T6 型紫外可见分光光度计的使用方法:

1. 开机

(1)开启计算机,找到 UVWin5 紫外软件 V5.1.0 图标。

(2)开启仪器主机电源,提示是否“运行 PC 软件联机”界面。

(3)点击 UVWin5 紫外软件 V5.1.0 图标进行联机,初始化(约需要 5 min)。

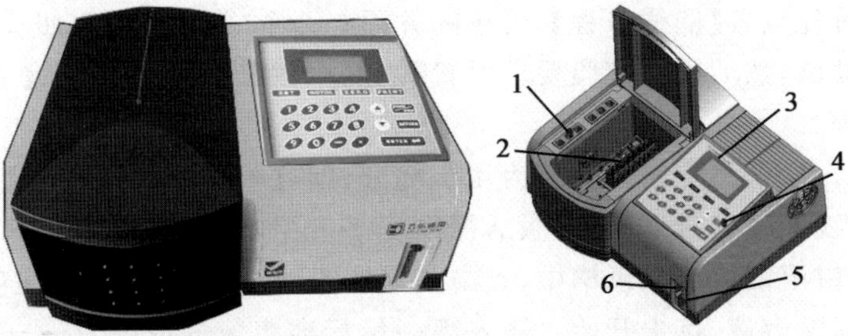

图 2-4-12　T6 型紫外可见分光光度计的外形结构

1. 比色皿存放架；2. 样品室；3. 显示屏；4. 键盘；5. 备用口；6. 扩展槽

(4)初始化结束后出现主界面。

2. 选择测量模式

模式:光谱扫描。

(1)激活光谱扫描窗口,选择【测量】菜单下的【参数设置】子菜单,打开设置窗口。窗口中共有 3 个选项卡,分别是:【测量】、【仪器】和【附件】。其中,测量选项卡中的内容是设置扫描参数的主要内容。点击测量选项卡,设置光谱扫描的【光度模式】为吸光度模式 Abs,设置光谱扫描图形中纵坐标的范围。可以在【最大】和【最小】编辑框中输入相应的数值。设置扫描的波长范围,【起点】和【终点】构成了扫描范围。设置扫描的速度,扫描速度越快,数据的质量相对越差;扫描速度慢,数据的质量相对越好。设置扫描的间隔,并设置扫描方式,可以【单次扫描】或【重复扫描】参数设置完毕,进行基线校准。

(2)将空白溶液放入比色槽中,对准光路,点击基线按钮,仪器进行基线扫描。

(3)扫描结束,取出空白溶液,放入样品液,点击"开始"按钮,即可进行光谱扫描。在扫描过程中,系统会将扫描的数据和波长以图形的方式动态绘制在光谱扫描窗口中,还会将数据显示在工具栏中。如果要终止扫描,可点击"停止"按钮。

模式:定量测量。

(1)激活定量测定窗口。选择【测量】菜单下的【参数设置】子菜单,打开定量测定设置窗口。窗口共有 5 个选项卡,分别是:【测量】、【校正曲线】、【仪器】、【附件】和【质量控制】。测量选项卡主要提供定量测定的方法设置、波长设置和重复测量设置等。还可以设置样品编号和测量重复次数。以单波长法为例,需要在【主波长】编辑框中输入测定波长。

再设置标准样品和未知样品的标识名称及编号。在其他设置中,可以设置对样品进行重复测量。在【重复次数】编辑框中输入需要重复测量的次数。在校正曲线选项卡里首先设置【曲线方程】,可选的方程有2个,常用的是以吸光度作为变化量来求解浓度值,然后根据实验要求设置【浓度单位】、【零点插入】、【曲线评估】和【校正方法】等。

(2)测定。定量测定窗口共分为4个部分,即:【标准样品表格】、【未知样品表格】、【校正曲线】和【参数列表】。激活标准样品表格,表格上方将显示"(使用中)"的字样,将空白溶液放入比色槽中,点击校零按钮,等待开始按钮由红色转为绿色,放入第一份标准溶液,点击开始。输入第一份标准溶液的浓度,点击确认,仪器进行测定,并将相关的数据在表格中显示出来。依次由稀到浓测定出所有标准溶液的吸光度值,在窗口可呈现出标准工作曲线。在参数列表中可以显出曲线方程数值和相关系数等信息。

(3)激活未知样品测量表格,表格上方将显示"(使用中)"的字样,将样品放入比色槽中,点击绿色的开始按钮,仪器测定样品的吸光度值,并将其相关的数据在表格中显示。

(4)实验结束后,选择"文件"选项中的"导出到文件",保存数据。

(5)关闭程序,关主机,再关闭计算机。

(6)清洗比色皿,整理台面。

注意事项:

(1)仪器长时间不用,每隔一月要启动一次仪器。

(2)使用前后需检查试样室以及仪器表面是否有遗漏溶液,如果有请立即擦拭干净。

(3)软件打开后不要在中途关闭软件,再次打开仍需初始化。

(4)更换波长后必须进行空白校正。

2.4.4 荧光光谱仪的使用

【请观看二维码 2-4-5 F4500 型荧光分光光度计操作视频】

某些物质被光照射后,物质分子吸收了辐射而成为激发态分子,若在返回到基态时伴随着光子的辐射,则发射出比入射光波长更长的光,称为荧光。测量荧光的强度进行定量和定性分析的方法称为荧光分析法。采用荧光分析法测量的仪器称为荧光光谱仪。

二维码 2-4-5 F4500 型荧光分光光度计的使用

在极稀的溶液中,当 $\varepsilon bc \leqslant 0.05$ 时,而且激发光的频率、强度以及液层厚度不变的情况下,荧光强度与荧光物质的浓度成正比,对于较浓溶液,荧光强度与浓度不呈线性关系,这是荧光光谱仪设计的工作原理。

$$I_{\mathrm{f}}=Kc$$

荧光光谱仪分为荧光光度计和荧光分光光度计。荧光光度计采用滤光片做单色器,结构较简单,功能也较差。荧光分光光度计采用棱镜或光栅为色散元件,结构较复杂,功能较强,但价格远远高于荧光光度计。F-4500 型荧光分光光度计是功能较强的分光光度计,可以进行荧光、磷光、生物发光的分析,样品可以是液体、固体或气体,可以进行激发、发射光谱扫描,三维光谱扫描,时间扫描和浓度定量分析。

1. F-4500 型荧光分光光度计的外观结构

外观结构如图 2-4-13 所示。

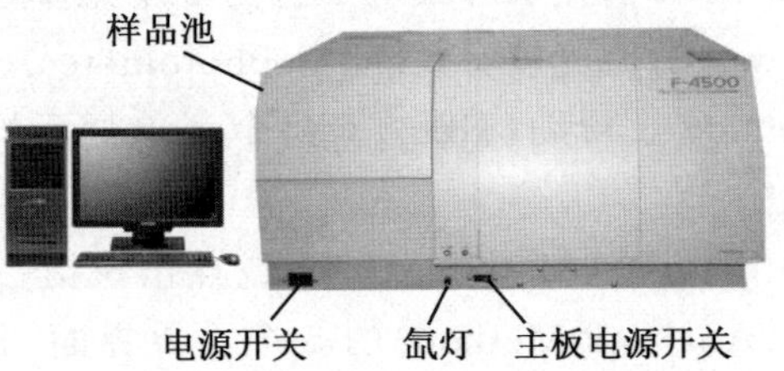

图 2-4-13　F4500 型荧光光度计的外观结构

荧光仪一般由激发光源(常用汞弧灯、氢弧灯及氙灯等)、激发单色器、发射单色器、样品池、检测器和记录显示系统等基本部件组成,光学系统如图 2-4-14 所示。

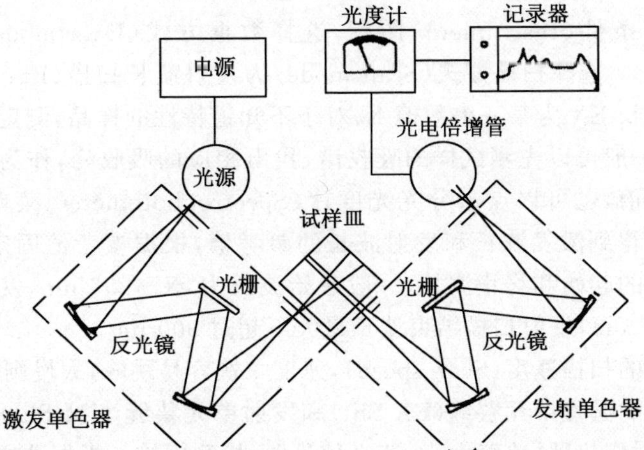

图 2-4-14　荧光分光光度计的光学系统

2. F-4500 型荧光光度计的使用方法

(1)开机。开机前首先确认主机上的电源开关(Power)和主板电源开关(Main)均处于关闭状态。接通电源开关,10 s 后按下氙灯点灯按钮,注意时间不得超过 5 s,当黄灯亮起不熄灭时,打开主板电源开关。此时主开关上方绿色指示灯连续闪动 3 次。

(2)接通电脑及打印机电源,点击桌面仪器的快捷图标,仪器自动联机并做初始化,初始化完成进入工作界面。

(3)将待测溶液倒入荧光比色皿,用擦镜纸擦去荧光比色皿外壁溶液,轻轻打开仪器盖,手拿比色皿的对顶角,将其放入样品池中,盖好盖子。

(4)操作界面类 windows,显示屏最上一行为 8 个菜单栏,分别为文件(File)、编辑(Edit)、视图(View)、分光光度计(Spectrophotometer)、工具(Tools)、其他功能(Utility)、窗口(Window)、帮助(Help)。每个菜单栏下均有子目录,并配有相应的快捷栏图标。

点击编辑(Edit)中的方法(Method)选项,或点击快捷栏方法(Method)图标,立即显示了分析方法(Analysis Method)的 5 个重叠界面,分别为"常规"(General)、"仪器条件"(Instrument)、"模拟画面"(Monitor)、"处理"(Processing)、"报告"(Report)。

在打开的框图中,点击"常规"图标,在测量方式(Measurement)中选择波长扫描(Wavelength);输入操作员(Operator)姓名。

下面以发射光谱扫描为例:

点击仪器条件(Instrument)图标,选择数据方式(Data mode)为荧光采集(Fluorescence),选择扫描方式(Scan mode)为发射波长扫描(Emission),此时需先固定激发波长 EX 为某一整数值 X,对于不知道特性的样品,测定吸收光谱比荧光光谱容易,一般可以先测试样的吸收谱,找出相应的吸收峰,作为荧光测试时激发波长的参考值,也可以点击分光光度计(Spectrophotometer)菜单,选择自动预扫(pre-scan),得到激发波长和发射波长的参考值,根据参考值固定激发波长后,输入发射扫描的起始和终止波长,一般起始波长为"X+20" nm,发射扫描结束波长为"2X−20" nm,发射扫描结束波长最大不超过 900 nm。

选择合适的扫描速度(Scan speed),速度太快容易跳峰,太慢则浪费时间。

选择合适的激发单元狭缝(EX Slit)和发射单元狭缝(EM Slit),狭缝太大,荧光信号强,易损伤仪器,狭缝太小,荧光信号弱,检测困难。根据选择狭缝的大小选择恰当的光电管高压(PMT Voltage),一般在荧光强度不变的前提下,狭缝大小同光电管高压成反比关系,但高压大,测试结果的噪声将被放大。

选择合适的响应速度(Response),响应速度值大,峰型分辨率高,噪声也大,将光闸控制(Shutter control)选择为控制状态,选择重复次数(Replicates)。

点击模拟画面(Monitor)图标,输入适当的纵轴标尺上下限,一般上限在自动预扫后已赋值。

点击"测量"(Measure)图标,开始进行发射光谱扫描。

仪器结束扫描后,点击平滑(Smooth)图标,选择平均平滑(Mean Smooth),再点击视图(View),选择标记峰值(Peak Table),仪器自动给出相应的测量参数和发射波长及对应的荧光强度。如果扫描之后无信号或信号太弱,改变激发波长,或狭缝大小和光电管高压,重复上述步骤,直到获得理想的发射光谱。

工作结束后,清洗荧光比色皿,关闭仪器工作程序窗口。

(5)关机。逆开机顺序操作,先关闭计算机,顺序关闭主板电源 Main、主机电源 Power、当电源开关关闭 5 s 后,再次接通 10 min,让风扇工作,使灯室散热。

2.4.5　原子吸收光谱仪

【请观看二维码 2-4-6 TAS-986 型原子吸收分光光度计操作视频】

采用原子吸收光谱法进行测量的仪器称为原子吸收光谱仪,又称为原子吸收分光光度计。原子吸收光谱法本身是基于蒸气相中被测元素的基态原子对其共振线的吸收强度来测定试样中被测元素含量的一种方法。在一定浓度范围内和一定光程条件下,当用锐线光源发射的元素共振线照射通过原子蒸气时,即把试样的溶液以细粒子流的形式喷射到火焰上时,部分射线被吸收,测得吸光度与原子蒸气中待测元素的基态原子数呈线性关系,即与浓度呈线性关系,c 为待测元素的浓度,K 在一定实验条件下是一个常数。

二维码 2-4-6　原子吸收分光光度计的使用方法

$$A = Kc$$

由于各种元素的原子结构和外层电子排布不同,因而各种元素各有其特征性共振线。因此测量原子吸收光谱也可以对物质进行定性分析。

原子吸收光谱仪一般由光源、原子化器、单色器、检测器 4 部分组成,如图 2-4-15 所示。其结构原理与普通分光光度计相似,只是用锐线光源代替了连续光源,用原子化器代替通常的吸收池。锐线光源要求发射被测元素的特征共振辐射,常用类型为空心阴极灯、蒸气放电灯和无极放电灯。原子化器要求提供能量将液态试样中的待测元素干燥蒸发,使之转变成原子态的蒸气。常有火焰原子化器和无火焰原子化器。

原子吸收分光光度计类型多样，按光路分有单光束和双光束 2 种；按波道分有单道仪器、双道仪器、多道仪器，每种波道仪器又有单光束和双光束 2 种；按原子化手段分有火焰型、石墨炉型和氢化物发生型。现在常用的是单道单光束和单道双光束原子吸收分光光度计。单光束型仪器结构简单，价格便宜，维护方便，应用比较普遍，但不能克服光源灯不稳定带来的零漂。双光束型仪器构造比较复杂，能够克服零漂，而且速度也较快，但价格也较昂贵。

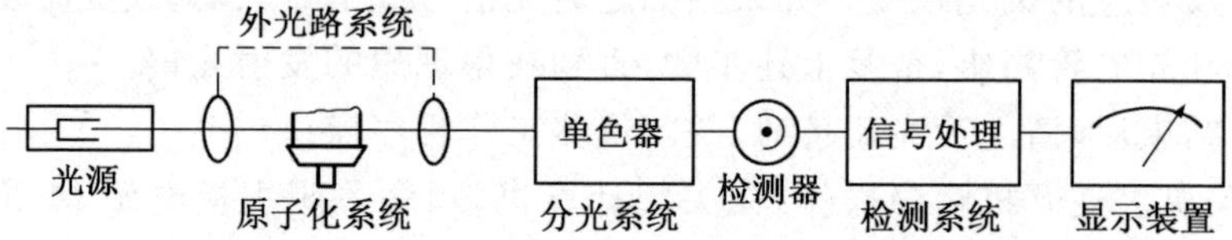

图 2-4-15　原子吸收分光光度计基本结构示意图

TAS-986 型原子吸收分光光度计的使用方法

TAS-986 型原子吸收分光光度计是由 PC 机控制的全自动智能化的单光束型分光光度计，仪器具有氘灯背景校正、自吸收背景校正功能。有火焰型和无火焰两用型。

TAS-986 型仪器的外观和光路系统如图 2-4-16 和图 2-4-17 所示。

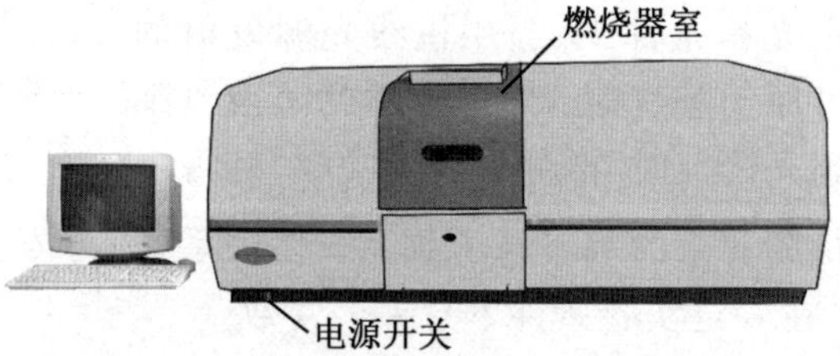

图 2-4-16　TAS-986 型原子吸收分光光度计的外观

(1)开机。首先将所测元素灯安装到灯座上，注意定位。然后打开打印机，显示器和计算机电源开关，等计算机完全启动后，再打开原子吸收主机电源。

(2)仪器联机。在计算机桌面上双击 AAWin 图标，出现窗口，选择联机方式，点击【确定】，出现仪器初始化界面，仪器进行初始化，这一过程需要等待 3～5 min。

(3)仪器初始化后，将弹出选择元素灯和预热灯的窗口。依照需要选择工作灯

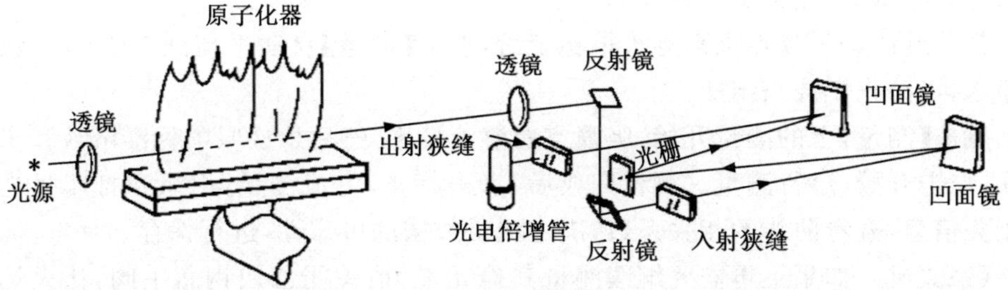

图 2-4-17　TAS-986 型原子吸收分光光度计的光路系统

和预热灯。点击下一步，出现设置元素测量参数窗口。可以根据需要更改光谱带宽、燃气流量、燃烧器高度等参数，一般工作灯电流、预热灯电流和负高压以及燃烧器位置不用更改。

(4)设置完成后点击下一步，出现设置波长窗口。不要更改默认的波长值，直接点击【寻峰】，将弹出寻峰窗口，一般需要 1～3 min，等寻峰过程完成后，点击关闭。点击下一步，点击完成。

(5)设置样品参数。点击【样品】，弹出样品设置向导窗口，选择校正方法(一般为标准曲线法)、曲线方程(一般为一次方程)和浓度单位，输入样品名称和起始编号，点击下一步。输入标准样品的浓度和个数(可依照提示增加和减少标准样品的数量)，点击下一步。可以选择需要或不需要空白校正和灵敏度校正(一般为不要)，然后点击下一步。输入待测样品数量、名称、起始编号，以及相应的稀释倍数等信息，点击完成。

(6)设置测量参数。点击【参数】，弹出测量参数窗口。输入标准样品、空白样品、未知样品等的测量次数(一般为 3 次)，选择测量方式(手动或自动，一般为自动)，输入间隔时间和采样延时(一般均为 1 s)，设置吸光值最小值和最大值以及刷新时间(一般 300 s)。设置计算方式(一般火焰吸收为连续)，以及积分时间(火焰一般为 1)和滤波系数(火焰滤波系数为 1 s)。点击确定，退出参数设置窗口。

(7)火焰吸收的光路调整。点击仪器下的【燃烧器参数】，弹出燃烧器参数设置窗口，输入燃气流量和高度，点击执行，看燃烧头是否在光路的正下方，看光斑位于燃烧器狭缝的位置，一般在其上 3～8 mm，如果有偏离，更改位置中相应的数字，点击执行，可以反复调节，直到燃烧头和光路平行并位于光路正下方。

(8)火焰吸收的测量过程。依次打开空气压缩机的风机开关，工作开关，调节压力调节阀，使得空气压力稳定在 0.2～0.25 MPa 后，打开乙炔钢瓶主阀，调节出口压力在 0.05～0.1 MPa(点火前后出口压力可能有变化，这里的出口压力在

0.05～0.06 MPa 指点火后的压力)。

打开排风,点击【点火】,等火焰稳定后,点击【能量】自动平衡到 100%,再吸喷纯净水,以防止燃烧头结盐。

点击【测量】下的测量开始,吸喷空白溶液校零,然后依次吸喷标准溶液和未知样品,点击开始,进行测量。测量完成后,点击终止,完成测量,记录和打印吸光度的相关信息,查看曲线的相关系数,决定测量数据的可靠性,进行保存。

(9)关机。如果不再需要继续测量其他元素,请关闭乙炔钢瓶主阀,让火焰自动熄灭,点击确定,退出熄火提示窗口,吸喷纯水 1 min,清洗燃烧头,防止燃烧头结盐。

依次关闭 AAWin 软件、原子吸收主机电源、空压机工作开关,按放水阀,排空压缩机中的冷凝水,关闭风机开关,退出计算机 Windows 操作程序,关闭打印机,显示器和计算机电源。盖上仪器罩,再次检查乙炔是否已经关闭,清理实验室。

注意事项:

(1)点火前后,乙炔钢瓶压力可能有变化,注意调节出口压力。当燃气流量小于 1 200 时可能点火失败或吸喷溶液后自动熄火,这时需要调高燃气流量到 1 500,再点火。

(2)如果寻峰完毕后出现的不是仪器默认的特征峰值,需要点击仪器下的波长定位,输入需要的波长值,点击确定退出波长定位窗口,再点击【能量】,点击自动能量平衡,等能量平衡完毕后,点击关闭,退出能量调节窗口。再进行测量。

(3)在仪器工作过程中遇到突然停电,应迅速关闭燃气,再将各部分控制回复到初始状态。

第3章　分析实验基本技能

3.1　定量分析实验量器的使用

在滴定分析中，必须准确度量溶液的体积，才能确保分析结果符合所要求的准确度。测量体积不准，往往是滴定分析中误差的主要来源。溶液体积测量的准确度，一方面决定于量器的准确度，另一方面决定于量器的正确使用。

测定溶液准确体积的量器分为量出式和量入式两种。量出式量器（量器上标有 Ex），如滴定管、移液管和吸量管等，用于测量从量器中放出液体的体积。量入式量器（量器上标有 In），如常见的容量瓶等，用于测量注入量器中液体的体积。

1. 滴定管【请观看二维码 2-2-1 滴定管操作视频】

滴定管是滴定时准确测量溶液体积的量出式量器，是具有精确刻度、内径均匀的细长玻璃管。常量分析的滴定管容积有 50 mL 和 25 mL，最小刻度为 0.1 mL，读数可估计到 0.01 mL。另外还有容积为 10 mL、5 mL、2 mL、1 mL 的半微量和微量滴定管。

滴定管一般分为两种，一种是酸式滴定管，另一种是碱式滴定管（图 3-1-1）。酸式滴定管下端有玻璃活塞开关，用来盛酸性溶液或氧化性溶液，不宜盛碱性溶液，因为碱性溶液能腐蚀玻璃使活塞黏合。

碱式滴定管的下端连接一乳胶管，管内有玻璃珠以控制溶液的流出，乳胶管下端再连一尖嘴玻璃管。凡能与乳胶管起反应的氧化性溶液，都不能盛在碱式滴定管中。另外还有用聚四氟材料制成活塞的酸碱通用滴定管。

滴定管的使用方法如下：

①检漏。检查酸式滴定管是否漏水，可将滴定管内装水至零刻度以上，并将其夹在滴定管架上，直立约 2 min，观察活塞边缘和尖嘴处有无水渗出（15～20 min 后漏水不应超 0.1 mL）。将活塞旋转 180°后再观察一次有无漏水现象。

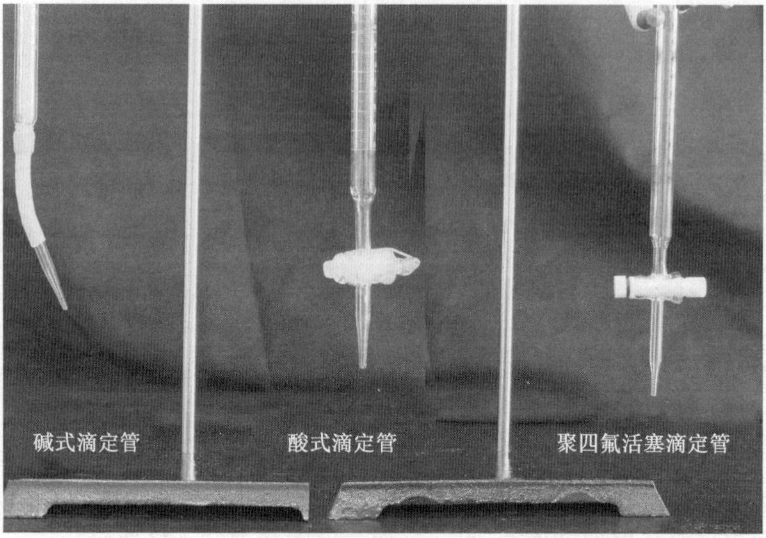

图 3-1-1 酸碱滴定管

若旋塞孔或滴定管尖被油脂堵塞可将管件插入热水中温热片刻，打开旋塞使管内的水急流而下冲出软化的油脂，或将滴定管旋塞打开，用洗耳球在滴定管上口挤压将油脂排出。

对于碱式滴定管首先检查乳胶管是否老化，有无粘手的现象。玻璃珠的大小和乳胶管粗细是否匹配，能否灵活控制液滴。然后可将滴定管内装水至零刻度以上，并将其夹在滴定管架上，直立约两分钟。观察尖嘴处有无水渗出（15～20 min 后漏水不应超 0.1 mL）。

②涂凡士林油。在使用酸式滴定管时，如果旋塞转动不灵活或漏水，需要将活塞涂油。滴定管中的水倒净，将滴定管平放于实验台上。取下旋塞用吸水纸将旋塞和旋塞槽擦干，用手指蘸上少许凡士林将旋塞的两边沿圆周涂上一薄层（图 3-1-2A）。注意不要把凡士林涂到旋塞孔的近旁，以免堵塞旋塞。把涂好凡士林的旋塞插入旋塞槽里（图 3-1-2B），单方向地转动旋塞，直至旋塞与旋塞槽接触处全部透明为止。涂好的旋塞转动要灵活而且不漏水。把装好旋塞的滴定管平放在桌上，让旋塞的小头朝上，然后在小头上套上橡皮圈，以防旋塞脱落（图 3-1-2C）。

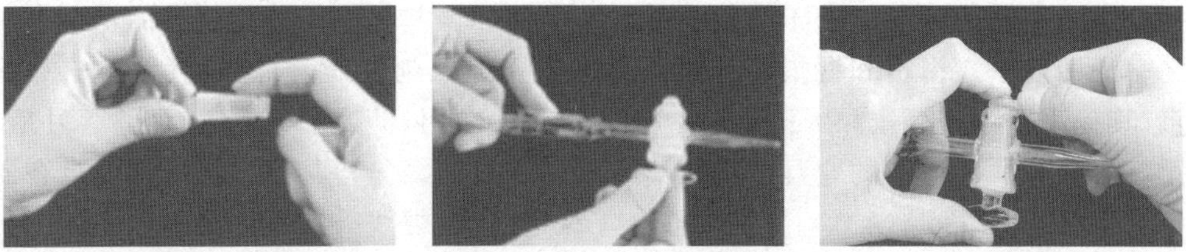

（A）涂油　（B）转动　（C）固定

图 3-1-2　酸式滴定管的涂油

③再次检漏。涂好凡士林油的酸式滴定管需再次检漏，如果不漏水则可以使用。

④洗涤。见 2.2.1 的内容。

⑤润洗与装液。操作溶液装入滴定管，不得借用任何其他量器（如漏斗、滴管、烧杯等），应由储液瓶直接加入，以免改变操作溶液的浓度或造成污染。装入操作溶液前应先将其摇匀，使凝结在瓶内壁上的水珠混入溶液。为除去滴定管内残留的水膜，确保操作溶液的浓度不变，应用该溶液润洗滴定管 2～3 次，每次用量 15 mL 左右。先关闭旋塞，倒入溶液，两手平端滴定管，右手握住滴定管上端无刻度部分，左手扶住旋塞刻度部分。边旋转边向管口倾斜，使溶液充满全管。然后打开滴定管的旋塞，使润洗液由下端流出。润洗后即可装入溶液，用左手拇指、中指和食指自然垂直地握住滴定管无刻度部分，右手握住储液瓶将溶液直接加入滴定管至“0”刻度以上。

⑥排气泡。装满溶液的滴定管应检查滴定管尖嘴有无气泡，如有气泡要先排出。对于酸式滴定管可用右手拿住滴定管无刻度部分，使其倾斜约 60°，左手迅速打开活塞，使溶液快速流出将气泡赶出（图 3-1-3A）。对于碱式滴定管，可将滴定管倾斜约 60°，乳胶管向上弯曲，上翘 60°，用左手食指和拇指握住玻璃珠，乳胶管向上弯曲的同时捏挤乳胶管，使溶液急速流出的同时赶出气泡（图 3-1-3B）。

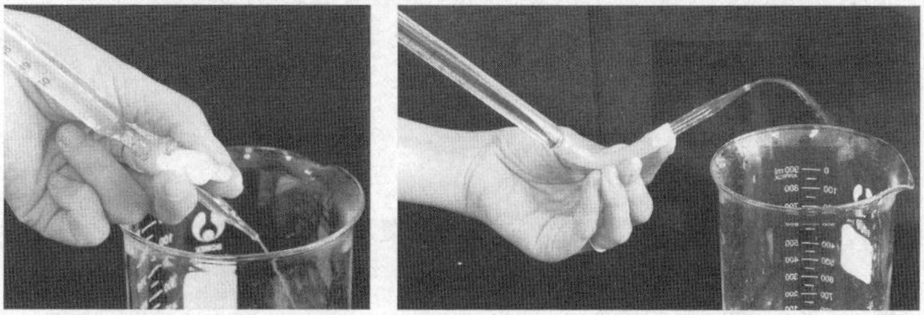

（A）酸式滴定管排气泡　（B）碱式滴定管排气泡

图 3-1-3　排气泡

⑦滴定管的读数。由于读数不准确而引起的误差是滴定分析误差的重要来源之一。用右手大拇指和食指轻轻捏住滴定管上部无刻度处，使滴定管保持自然垂直，其他手指不得辅助，由于附着力和内聚力的作用，滴定管内的液面呈弯月形。无色溶液和浅色溶液的弯月面比较清晰，读数时，视线与弯月面下缘的最低点在同一水平线上（图 3-1-4A），对于 $KMnO_4$ 等深色溶液，视线与液面的最高点在同一水平线上（图 3-1-4B）。对于蓝带滴定管，盛放溶液后将有两个弯月面，这两个弯月面上下两个尖端相交，交点的位置即为蓝带滴定管的读数位置（图 3-1-4C）。

注意：

a. 注入溶液或放出溶液后需等待 1～2 min 后才能读数。

b. 滴定时，最好每次都从“0”附近的任意刻度开始。这样可以固定在某一体积范围内度量滴定时所消耗的标准溶液，减少读数误差。每次读数必须准确至 0.01 mL。

c. 为了协助读数，初学者可准备一张读数卡，这种办法有利于初学者练习读数，读数卡可用黑纸制成。读数时，将读数卡放在滴定管背面，使黑纸上缘在弯月面下约 1 mm 处，此时即可看到弯月面的反射层全部成为黑色，然后读取黑色弯月面下缘的最低点（图 3-1-4D）。应注意调零和读数时条件应一致，都用读数卡或都不用读数卡。

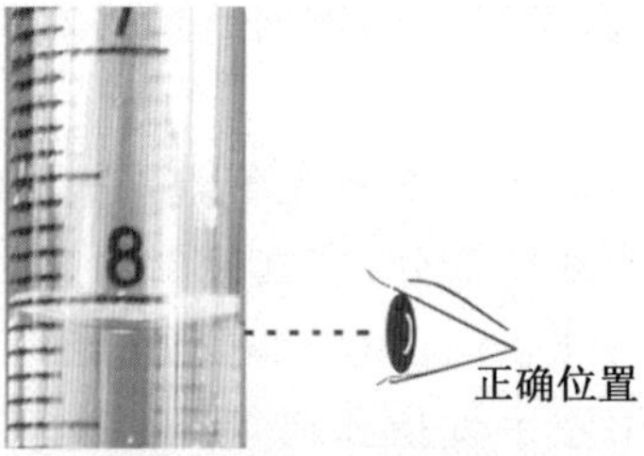

（A）无色、浅色溶液读数视线

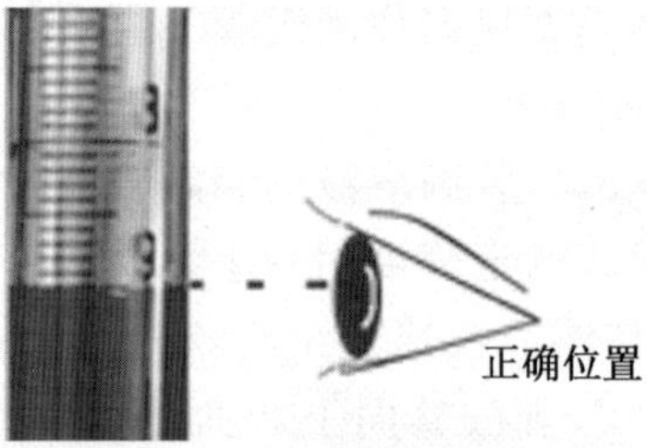

（B）深色溶液读数视线

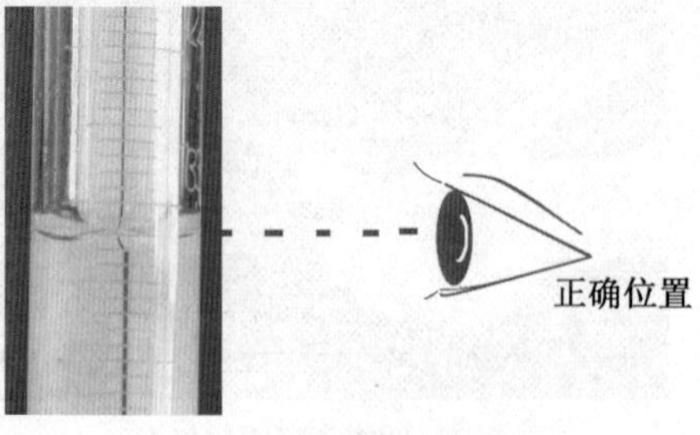

（C）蓝带滴定管读数

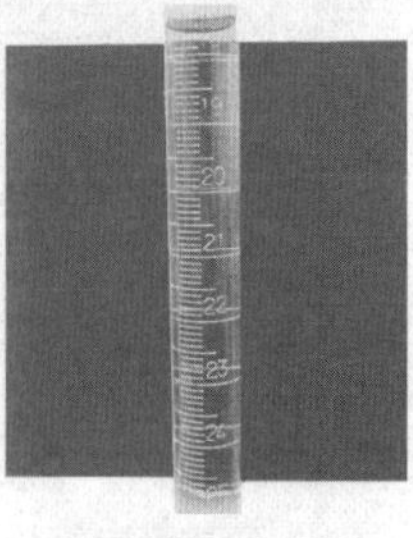
（D）读数卡读数

图 3-1-4　滴定管的读数

⑧滴定管的操作。使用酸式滴定管时，左手握滴定管活塞部分，拇指在前，食指和中指在后，手指略微向手心弯曲，轻轻向内扣。左手手心不能接触活塞的小头处。拇指食指和中指应稍稍向手心方向用力，以免碰活塞，使其松动，推出活塞而漏液(图 3-1-5)。

使用碱式滴定管时，左手拇指在前，食指在后，捏住乳胶管中的玻璃珠所在的部位。向手心方向捏挤乳胶管，使其与玻璃珠之间形成一条缝隙，溶液即可流出(图 3-1-6)。注意不要用力捏玻璃珠，也不要使玻璃珠上下移动，也不能捏玻璃珠下的乳胶管，以防空气进入形成气泡而影响读数。为了防止乳胶管来回摆动，可用小指和无名指夹住尖嘴的上部。

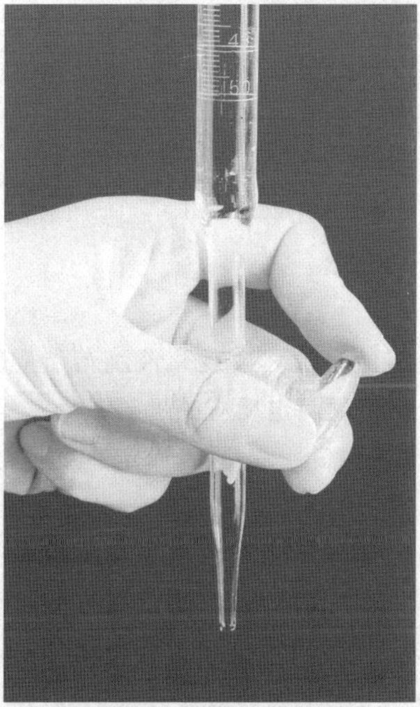

图 3-1-5　控制酸管方法

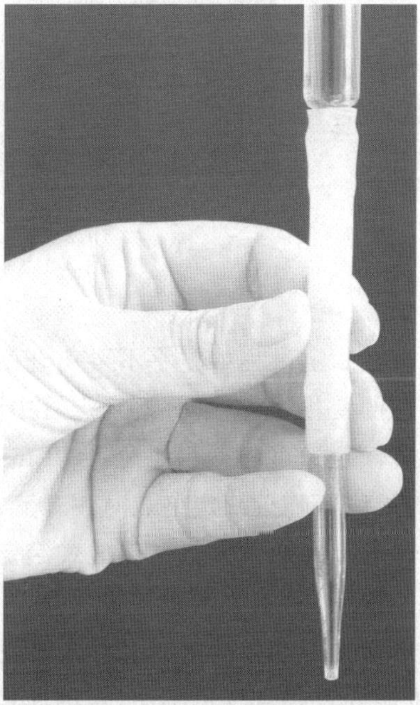

图 3-1-6　控制碱管方法

通常在锥形瓶或烧杯中进行滴定操作。用锥形瓶时，右手的拇指食指和中指拿住瓶颈，其余手指辅助在下侧。滴定管尖嘴插入瓶口内约 1 cm。对于酸式滴定管，左手握滴定管活塞部分，右手向同一方向做圆周旋摇动作，使溶液成为漩涡状，而且边滴边摇(图 3-1-7)。注意右手摇瓶不能前后振荡，否则溶液会溅出。

（A）碱式滴定管的操作

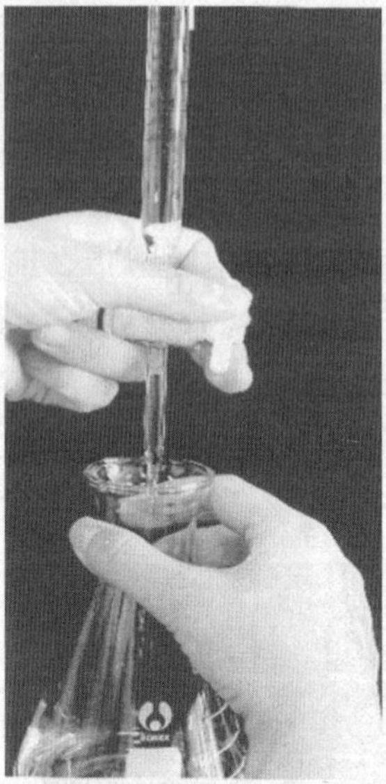

（B）酸式滴定管的操作

图 3-1-7 滴定过程中的操作

a. 在滴定过程中左手不要离开活塞，避免溶液自流。要观察液滴落点周围溶液颜色的变化，不要去观察滴定管中液面位置而不顾滴定反应的进行。

b. 滴定速度一般为每分钟 10 mL，即每秒 3～4 滴。一开始，滴定速度可稍快，“见滴成线”，临近滴定终点时用一滴或半滴的方法加入。

c. 半滴的加入方法。用酸式滴定管时，轻轻地转动活塞放出少量溶液悬挂在管尖不落下，马上关闭滴定管活塞，用锥形瓶内壁将其沾落，再用洗瓶以少量水冲洗锥形瓶内壁沾落溶液处。注意冲洗次数不要太多，用水量较大会使溶液过分稀释，可能导致终点变色不明显，因此最好用涮壁法，即半滴溶液靠入锥形瓶（尽量使管尖深入锥形瓶中较低处）后，将锥形瓶倾斜，用锥形瓶内的溶液将壁内的半滴溶液涮入瓶中。用碱式滴定管进行半滴操作时，用食指和拇指推挤出少量溶液，使其悬挂在管尖后，松开手指，再将液滴沾落，否则易有气泡进入管尖。

在烧杯中进行滴定时，将烧杯放在滴定台上调节滴定管高度，使其下端伸入烧杯内约 1 cm 处，且位于烧杯中心的左后方处。左手滴加溶液，右手持玻璃棒搅拌溶液（图 3-1-8）。搅拌时玻璃棒不要碰到烧杯壁和底部。

进行溴酸钾法、碘量法滴定实验时，需要在碘量瓶中进行反应和滴定。碘量瓶是带有磨口玻璃塞和水槽的锥形瓶，喇叭形瓶口与玻璃塞之间形成一圈儿水槽。槽中加入蒸馏水可形成水封(图 3-1-9)，防止瓶中溶液反应生成的气体(I_2、Br_2)逸失。反应完成后，打开瓶塞，水即流下可冲洗玻璃塞和瓶壁，接着进行滴定。

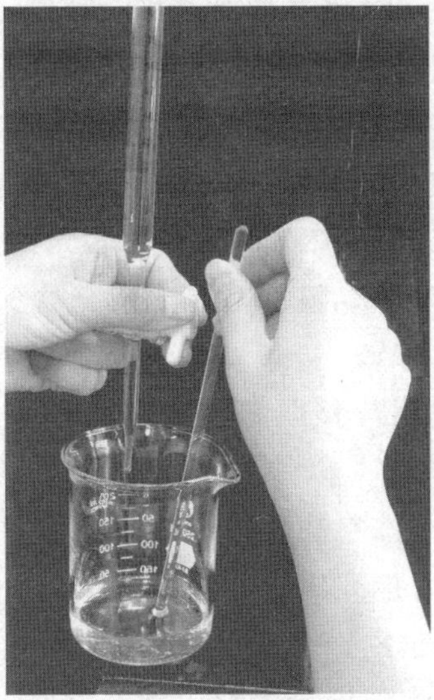

图 3-1-8　在烧杯中进行操作

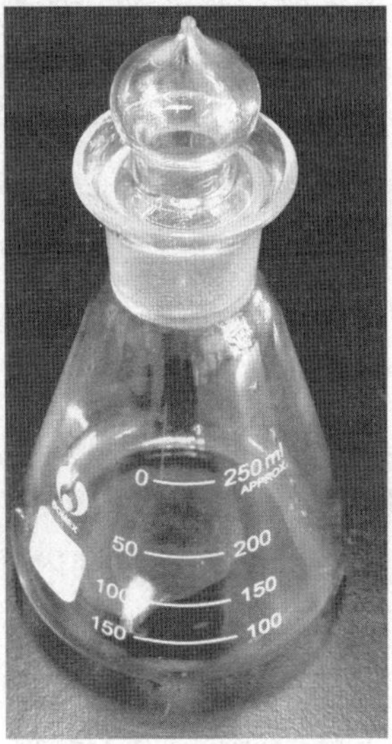

图 3-1-9　碘量瓶

⑨滴定结束。滴定结束后，滴定管中剩余的溶液应弃去，不能倒回原瓶中，以免玷污标准溶液。依次用自来水和蒸馏水冲洗滴定管，然后用蒸馏水充满滴定管，并垂直夹在滴定管架上。

2. 移液管和吸量管【请观看二维码 2-2-2 移液管和吸量管操作视频】

移液管是用于准确移取一定体积溶液的量出式玻璃量器，又称单标线吸量管。移液管中间有一凸起的球部，球的上部和下部均为较细窄的管颈。管颈上部有一条标线。在标明的温度下，当溶液的弯月面与标线相切时，让溶液按一定的方式自然流出，则流出体积与管上标明的体积相同。常用的移液管有 5 mL、10 mL、20 mL、25 mL、50 mL 等规格。

吸量管是具有分刻度的玻璃管，又称分度吸量管。它是带有分度的量出式量器，用于移取非固定量的溶液。常用的吸量管有 1 mL、2 mL、5 mL、10 mL 等规格。吸量管吸取溶液的准确度不如移液管，使用吸量管时需注意，有的吸量管分刻度不是刻到管尖，而是刻到管尖上方 1～2 cm 处。

(1)移液管和吸量管的洗涤。移液管和吸量管在使用前都应洗至整个内壁和其下部的外壁不挂水珠。因此,可先用自来水清洗,再用铬酸洗液洗涤。

左手持洗耳球,用右手拇指和中指拿住移液管或吸量管标线以上部分,无名指和小指辅助拿住移液管。将管尖在吸水纸上粘一下,洗耳球对准移液管口,用洗耳球吹去其中残留的水,然后排出洗耳球中的空气,将管尖伸入洗液瓶中吸取洗液至移液管球部的 1/4 处或吸量管全管的 1/4 处,移开洗耳球,同时用右手的食指堵住管口,把管横过来,左手扶住管下端,松开右手食指,一边转动移液管,一边使管口降低,使洗液布满全管,然后从管的上口将洗液放回原瓶。再用自来水充分冲洗移液管操作如上,吸取蒸馏水将整个管的内壁洗涤 3 次,洗涤后的水应从管尖放出,亦可用洗瓶从管的上口吹洗,并用洗瓶吹洗管道外壁。

(2)移取溶液的操作方法。移取溶液前,须用待移取的溶液润洗移液管 2～3 次。确保所移取溶液的浓度不变。

先用吸水纸将管尖端内外壁残留的水吸净,排空洗耳球中的空气,左手持洗耳球,用右手的拇指和中指拿住移液管或吸量管标线以上的部分,无名指和小指辅助拿住移液管,将移液管管尖插入待吸溶液面下 1～2 cm 处,不要插入太浅以免液面下降时吸空,也不要插入太深以免外壁沾带溶液过多。将已排除空气的洗耳球尖头紧紧插入移液管上口,吸液时,慢慢松开洗耳球,管中的液面徐徐上升,管尖随液面的下降而下移。当液面升至标线以上时迅速移去洗耳球,同时用右手食指堵住管口将移液管上提,离开液面,用吸水纸擦去管外壁粘带的溶液(图 3-1-10)。

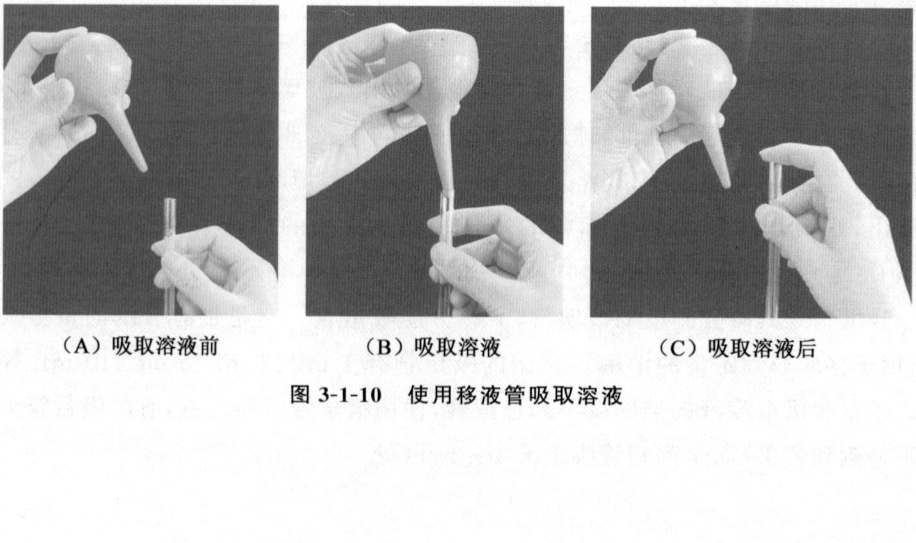

(A) 吸取溶液前　　(B) 吸取溶液　　(C) 吸取溶液后

图 3-1-10　使用移液管吸取溶液

然后左手持盛待吸溶液的容器或清洁的小烧杯，使之倾斜 45°左右，将移液管的管尖出口紧贴其内壁。右手食指微微松动，用拇指及中指轻轻地捻转管身使液面缓缓下降。直到视线平视时弯月面与标线相切，立即用食指按紧。将移液管移入准备接受溶液的容器中。使其流液口紧贴倾斜的器壁（图 3-1-11）。松开食指使溶液自然流下，停靠 15 s，移出移液管。

移液管和吸量管用毕应放在移液管架上，不要随便放在实验台上，以防止管径下端被玷污。实验完毕，应用自来水和纯净水分别冲洗干净再保存。

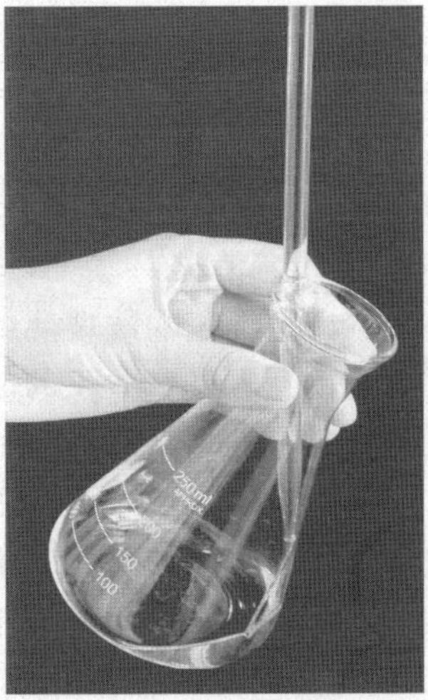
图 3-1-11　使用移液管放出溶液

3. 容量瓶【请观看二维码 2-2-3 容量瓶操作视频】

容量瓶是一种形状如梨形的平底玻璃瓶，容量瓶带有磨口玻璃塞，由无色或棕色玻璃制成。平颈上刻有环形标线。容量瓶一般是量入式的。在指定温度下（一般为 20℃）当溶液弯月面与标线相切时，所容纳的溶液体积等于瓶上标识的体积。容量瓶的主要用途是配制准确浓度的溶液或定量的稀释溶液。定量分析中的容量瓶通常有 25 mL、50 mL、100 mL、250 mL、500 mL 和 1 000 mL 等各种规格。

（1）容量瓶使用前的检查。

①试漏。检查瓶塞是否漏水，加自来水至标线附近，盖上瓶塞，左手食指压住瓶塞，拇指和中指捏住标线上端，右手三指托住瓶底，倒置 2 min。观察瓶塞周围是否有水渗出，也可以用滤纸片检查。如果不漏，再将瓶塞旋转 180° 再检查一次，检查合格后，用细绳或橡皮筋将瓶塞系在瓶颈上，容量瓶与瓶塞要配套使用。

②标线的位置。标线离瓶口太近，不易混匀溶液，该容量瓶则不宜使用。

（2）容量瓶洗涤。

先用自来水冲洗，将自来水倒尽，加入约 10～20 mL 的洗液，盖上瓶塞，倾斜转动容量瓶，使洗液布满内壁，将其倒回原瓶，然后用自来水充分洗涤，最后用蒸馏水洗 3 次。

（3）溶液配制的操作方法。

①用固体物质配制溶液时，将准确称量的试剂放在小烧杯中，加入适量水搅拌使其溶解。若难溶，可盖上表面皿稍加热溶解，但需放冷后，方能将溶液定量转入

容量瓶中。定量转移溶液时，右手握玻璃棒、左手握烧杯，玻璃棒悬空伸入容量瓶口中，棒的下端紧靠在瓶颈内壁上，烧杯嘴紧贴玻璃棒，使溶液沿玻璃棒和内壁流入容量瓶中(图 3-1-12)。烧杯中溶液倒尽后，烧杯不要离开玻璃棒，而应在烧杯扶正的同时，烧杯嘴沿玻璃棒上提 1～2 cm，随后再离开玻璃棒，并随即将玻璃棒放入烧杯，不要靠在烧杯嘴上，这样可避免烧杯嘴与玻璃棒之间的一滴溶液流到烧杯外边。然后用洗瓶吹洗玻璃棒和烧杯内壁 3～4 次，按同样方法转入容量瓶中。加水至溶液达到容量瓶体积的 2/3 容量时，右手食指和中指夹住瓶塞的扁头，拿起容量瓶，沿水平方向轻轻地旋动几周，使溶液初步混匀(注意不能加塞倒转容量瓶)。继续加水至距离标线以下约 1 cm，等待 1～2 min。使在瓶颈内壁的溶液流下后，再用滴管滴加水至弯月面下缘与标线相切。注意勿使滴管接触溶液。随即盖紧瓶塞，左手捏住瓶颈上端，食指压住瓶塞，右手三指托住瓶底将容量瓶颠倒 15 次以上(图 3-1-13)。每次颠倒时都应使瓶内气泡升至顶端，倒置时应水平摇动几周，如此重复操作可使瓶内溶液充分混匀。右手托瓶时应尽量减少与瓶身的接触面积，避免体温对溶液温度的影响。

图 3-1-12　使用容量瓶转移溶液

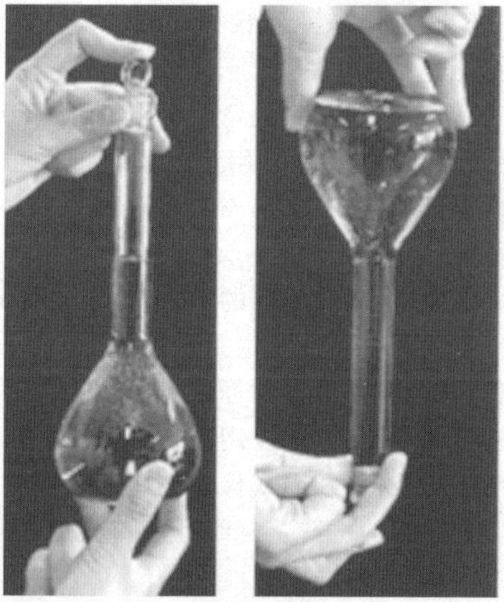

图 3-1-13　使用容量瓶混匀溶液

②用容量瓶稀释一定量、一定浓度的溶液时，用移液管移取一定体积浓溶液于容量瓶中，加水至刻度线附近，按上述方法定容即可。

容量瓶是量器，而不是容器，不宜长期保存所配制的溶液。配好的溶液如需长期保存时，应将溶液转移至试剂瓶中储存。试剂瓶应先用该溶液润洗2～3次，以保证浓度不变；需要避光的溶液（如硝酸银等）应选用棕色容量瓶进行配制；容量瓶不能在烘箱中烘烤，也不允许以任何方式对其加热。如需使用干燥的容量瓶可将容量瓶洗净后，用乙醇等有机溶剂淋洗后晾干或吹干，不得将热、冷溶液倒入容量瓶中。

二维码3-1-1 干燥器操作视频

4. 干燥器【请观看二维码3-1-1干燥器操作视频】

干燥器是一种带有磨口盖子的密闭软质玻璃器皿，内有一块带孔白瓷板，瓷板下盛放干燥剂（如变色硅胶、无水氯化钙等），其作用是保持样品干燥，使样品在干燥环境内冷却。常用干燥器有普通干燥器（图3-1-14A）和真空干燥器（图3-1-14B），用以保存坩埚、称量瓶、试样等物。

（A）普通干燥器 （B）真空干燥器

图3-1-14 干燥器

干燥器在使用时，应先将干燥器内外擦干净。将干燥剂通过一喇叭状纸筒装入干燥器的底部，以防止干燥剂玷污干燥器内壁的上部（图3-1-15A）。然后将干净的瓷板盖上，在磨口上涂一层薄而均匀的凡士林，再盖上干燥器盖子。开启干燥器时。左手向内按住干燥器下部，右手按住盖的圆顶，向左前方慢慢推开（图3-1-15B）。样品放入后应及时盖上盖子，若放入的器皿是热的时，加盖时应留一缝隙，稍等片刻再盖严。搬动干燥器时应用双手的拇指，同时按住盖子。以防盖子滑落打破（图3-1-15C）。

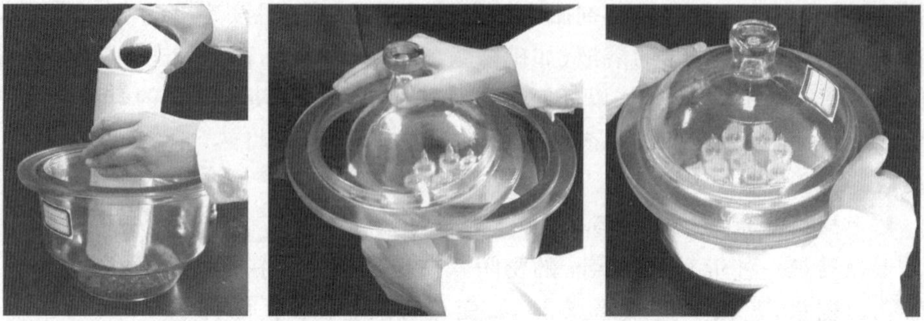

（A）装干燥剂　（B）打开干燥器　（C）移动干燥器

图 3-1-15　干燥器的使用

各种干燥剂都具有一定蒸气压，因此各种干燥剂吸收水分的能力都有一定的限度。干燥器内空气并非绝对干燥，只是湿度较低而已。为了防止干燥剂吸收空气中的水分，放入、取出样品后应及时盖好盖子。

使用干燥器时应注意：

(1)干燥剂不要放得太多，以免玷污干燥器内壁的上部。

(2)不能将太热的物体放入干燥器内。

(3)开启干燥器时，不能向上掀盖。应一只手按住干燥器，用另一只手小心地将盖子慢慢推开。等冷空气徐徐进入后方能完全推开，盖子不能扣放在实验台上，而应仰放在实验台上。

(4)放入较热的器皿时，加盖时应留一缝隙，以防盖子被打翻。

(5)干燥剂要及时更换。

3.2　重量分析基本操作

重量分析法是定量分析化学中重要的分析方法，利用沉淀反应，经过一定步骤，使被测物质从试样中离析出来，转变成一定的称量形式后，称量其质量，进而计算出该组分的含量的方法。重量分析的基本操作包括试样溶解、沉淀、陈化、过滤、洗涤、干燥、炭化、灰化和灼烧等步骤。任何一步骤的操作正确与否都会影响最后的分析结果，因此每一步操作都需要认真对待。

1. 样品的溶解

固体样品的溶解可分为水溶、酸溶、碱溶和熔融等方法。根据被测样品的性质选用不同的溶解试剂，以确保待测组分全部溶解。为不使待测组分发生氧化还原反应而造成损失，加入的沉淀剂应不影响测定。由于样品的性质不同，因此所采用的溶解方法也不同。

一般固体样品溶解时选择制备试液的容器，要求内壁光滑，没有划痕。选择使用的烧杯必须配置合适的玻璃棒和表面皿，玻璃棒两头应光滑而圆润，长度应高于烧杯口 3～5 cm，表面皿应大于烧杯口。溶解时，溶剂沿着烧杯内壁或玻璃棒下端慢慢加入。加入后，用玻璃棒搅拌使样品完全溶解，溶解后将玻璃棒放在烧杯嘴处，用表面皿盖住烧杯轻轻摇动，必要时可直接加热使其溶解。液体样品可以直接量取一定体积置于烧杯中进行分析。

2. 样品的沉淀

重量分析对沉淀的要求是尽量地完全和纯净，为了达到这个要求，应该按照不同类型的沉淀选择不同的沉淀条件，如沉淀时溶液的体积、温度，加入沉淀剂的浓度、数量、加入的速度、搅拌速度、放置时间等。因此，必须严格按照规定的操作进行。

沉淀在不同条件下可形成晶形或无定型两种状态。

(1)形成晶形沉淀的条件："稀、热、慢、搅、陈"5 个字。

①"稀"。沉淀要在适当稀的溶液中进行，这样结晶和生成的速度就慢，容易形成较大的晶体颗粒。沉淀所需用的沉淀剂溶液的浓度一般精确到 1%即可。

②"热"。要在热溶液中进行沉淀。在热溶液中，沉淀的溶解度大，可以使溶液的过饱和度相对降低，从而使晶核生成的较少，同时在较高的温度下晶体吸附杂质的量也较少。

③"慢""搅"。要在不断搅拌的情况下慢慢地加入沉淀剂，特别是在开始时，要避免局部形成过饱和溶液生成过多的结晶核。

④ "陈"。过滤前进行"陈化"处理。在生成晶形沉淀时，有时并非立刻沉淀完全，而是需要一定的时间，因此小晶体逐渐溶解，大晶体继续生长，这个过程称为"陈化"作用。

操作要点：在水浴或电热板上加沉淀剂时，右手持玻璃棒搅拌，左手拿滴管滴加沉淀剂，滴管口要接近液面，以免溶液溅出。在尽可能充分搅拌下，不要让玻璃棒触碰烧杯壁或烧杯底，以免划损烧杯使沉淀附着在烧杯上(图 3-2-1)。

沉淀剂加完之后还应检查沉淀是否完全。检查的方法是将溶液静置，待沉淀下沉后，在上清液中加入一滴沉淀剂，观察滴落处是否出现浑浊现象。如果无浑浊即表示沉淀完全，如果有浑浊出现，应再补加沉淀剂。如此检查，直至沉淀完全为止。然后盖上表面皿，放置过夜或在水浴上加热 1 h 左右，进行陈化(图 3-2-2)。

图 3-2-1 晶型沉淀的生成

图 3-2-2 电热板上陈化

(2)形成无定形沉淀的条件。

此类沉淀应当在较浓的溶液中,充分搅拌,较快地加入较浓的沉淀剂。

首先注意要在热溶液中进行,避免形成胶体溶液,而且加入电解质,如挥发性氨盐等作凝结剂,破坏胶体溶液;其次要在浓溶液中,迅速加入沉淀剂并不断搅拌,使沉淀形成较为紧密的形状,以减少吸附。沉淀完全后要用热水冲稀,冲稀后立即过滤,这类沉淀不需要陈化。

3.沉淀的过滤和洗涤

要使沉淀与母液分离一般采用过滤技术。对于需要灼烧的沉淀常用滤纸过滤,对于只需烘干即可进行称量的沉淀,则可采用微孔玻璃漏斗或微孔玻璃坩埚过滤。

(1)用滤纸过滤。

①滤纸的选择。滤纸分定性滤纸和定量滤纸两种。重量分析中常用定量滤纸(也称无灰滤纸)进行过滤,灼烧后灰粉极少,其重量可忽略不计(图 3-2-3)。

(A)定性滤纸与定量滤纸

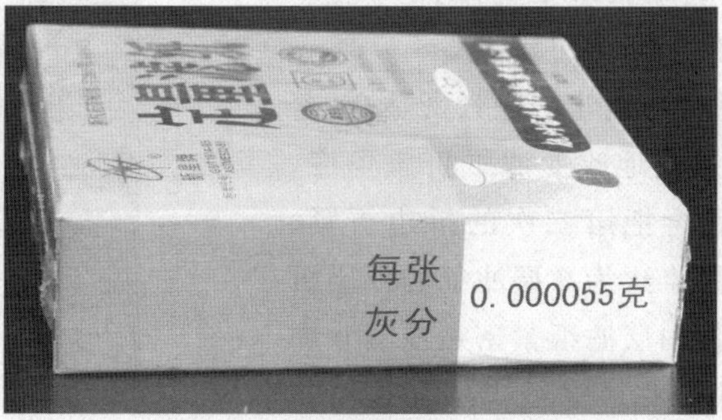

(B)定量滤纸灰分的标注

图 3-2-3　滤纸的种类

滤纸按滤纸的孔隙大小分有“快速”“中速”和“慢速”3 种，根据沉淀的性质选择合适的滤纸。$BaSO_4$、$CaC_2O_4 \cdot 2H_2O$ 等细晶形沉淀，应选用慢速滤纸过滤；$Fe_2O_3 \cdot xH_2O$ 为胶状沉淀，难以过滤，则应选用快速滤纸过滤；$MgNH_4PO_4$ 等晶形较粗的沉淀，则可以选用中速滤纸过滤。滤纸大小的选用可根据沉淀量的多少来选用，表 3-2-1 为国产滤纸的规格。

表 3-2-1 国产滤纸的规格

类别	定量滤纸				定性滤纸			
灰分/(mg/张)	0.02				0.2			
滤速/(s/100 mL)	60～100	100～160	160～200	200～240	60～100	100～160	160～200	200～240
滤速区别	快速	中速	慢速	慢速	快速	中速	慢速	慢速
滤纸盒色带标识	蓝	白	红	橙	蓝	白	红	橙

②漏斗。用于重量分析的漏斗应选用长颈漏斗。颈长为 15～20 cm，漏斗锥体角应为 60°，颈的直径要小一些，一般为 3～5 mm，以便在颈内容易保留水柱，出口处磨成 45°(图 3-2-4)。漏斗在使用前应该洗涤干净。

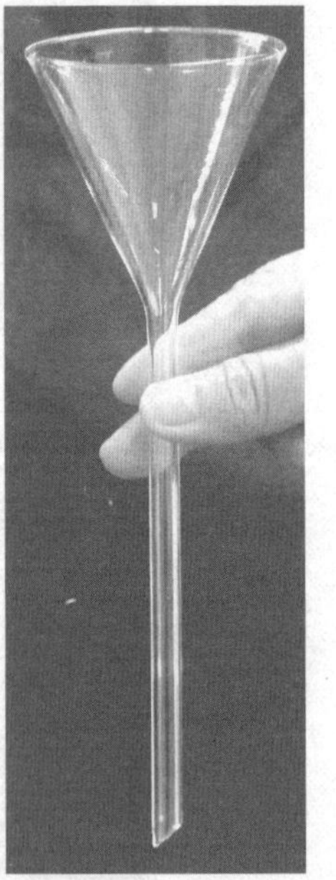

图 3-2-4 重量分析法使用的漏斗

③滤纸的折叠。首先要将折叠滤纸的手洗净擦干，先将滤纸对折按紧，然后再对折但不要按紧，把折叠成圆锥形的滤纸放入漏斗中，滤纸的大小应低于漏斗边缘 0.5～1.0 cm 左右。折好的滤纸应与漏斗内壁紧密贴合，若未贴合紧密，可以适当地改变滤纸折叠角度，直到与漏斗紧贴后再把第二次的折边折紧。取出圆锥形滤纸，将半边为 3 层滤纸的外层折角撕下一块，可以使内层滤纸紧密贴在漏斗内壁上。撕下来的那一小块滤纸应保存在清洁干燥的表面皿上，作擦拭烧杯内残留的沉淀用(图 3-2-5)。

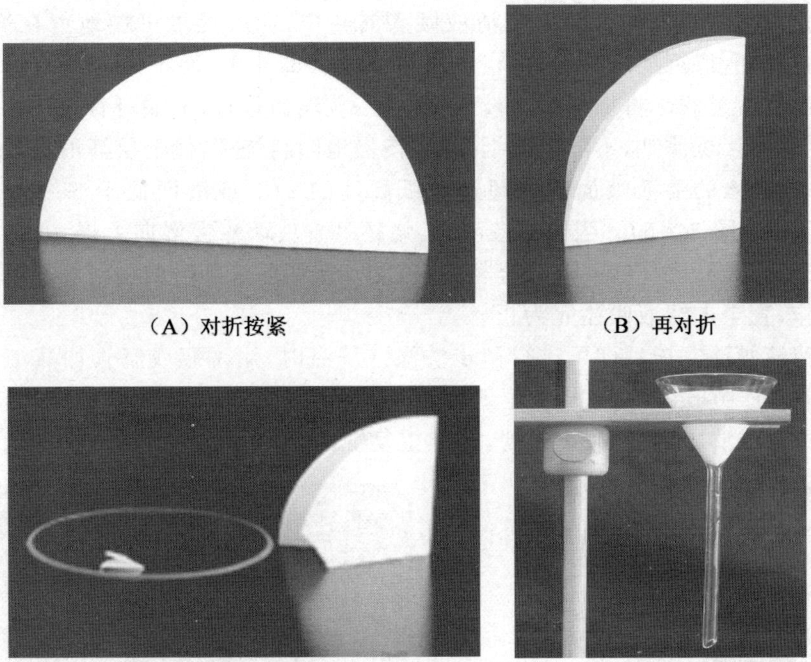

（A）对折按紧　（B）再对折

（C）撕下一角　（D）放入漏斗中

图 3-2-5　滤纸的折叠

④做水柱。将滤纸放入漏斗后，用手指按紧使之贴合，然后用洗瓶加少量水润湿滤纸，用手指轻压滤纸赶去滤纸与漏斗壁间的气泡，加水至滤纸边缘，这时漏斗内径应全部充满水，形成水柱。滤纸上的水已全部流尽后，漏斗内径的水柱应能保持住，由于液体的重力，可起到抽滤作用从而加快过滤速度。若不能形成水柱，可用手指按住漏斗下口，稍掀起滤纸的一边，用洗瓶向滤纸和漏斗间的空隙内加水，使漏斗充满水，压紧滤纸边，慢慢松开堵住下口的手指，此时即可形成水柱。

准备好的漏斗，应放在漏斗架上，下边用一个洁净的烧杯承接滤液，承接滤液的烧杯其容积应为滤液总量的 5～10 倍。漏斗位置的高低，以过滤过程中漏斗颈的出口不接触滤液为宜。为了防止滤液外溅，漏斗颈出口长的一侧紧靠烧杯内壁，使滤液沿烧杯壁流下。

⑤倾泻法过滤和初步洗涤。过滤一般分 3 个阶段。第一阶段采用“倾泻法”尽量把清液先过滤过去，并将烧杯中的沉淀做初步洗涤；第二个阶段是把沉淀转移到漏斗上；第三阶段清洗烧杯和洗涤漏斗上的沉淀。

在过滤过程中，为了避免沉淀堵塞滤纸的空隙影响过滤速度，一般采用“倾泻法”过滤。所谓“倾泻法”，是先把清液倾入漏斗中，让沉淀尽可能地留在烧杯内。倾斜静止烧杯，待沉淀沉降后，再将上层清液倾入漏斗中，而不是一开始就将沉淀和溶液搅混后过滤。将烧杯嘴与玻璃棒贴紧，玻璃棒垂直，下端对着三层滤纸的一边，并尽可能接近滤纸，不能与滤纸接触，慢慢地倾斜烧杯，使上层清液沿玻璃棒流入漏斗中，倾入的溶液液面不要超过滤纸高度的 2/3，或液面低于滤纸上边缘约 0.5 cm 以下(图 3-2-6)。当暂停倾注时，烧杯沿着玻璃棒慢慢向上提一段，再放正烧杯，玻璃棒离开烧杯嘴并移入烧杯中，玻璃棒放回原烧杯时勿将清液搅混。如此重复操作，直至上清液倾注完为止。

当清液倾注完毕后即可进行初步洗涤。洗涤时，用洗瓶或滴管加蒸馏水或洗涤液，体积在 10 mL 左右，从上至下旋转冲洗杯壁。用玻璃棒充分搅拌，倾斜放置(图 3-2-7)，澄清之后，再倾泻过滤，如此重复洗涤 2～3 次。

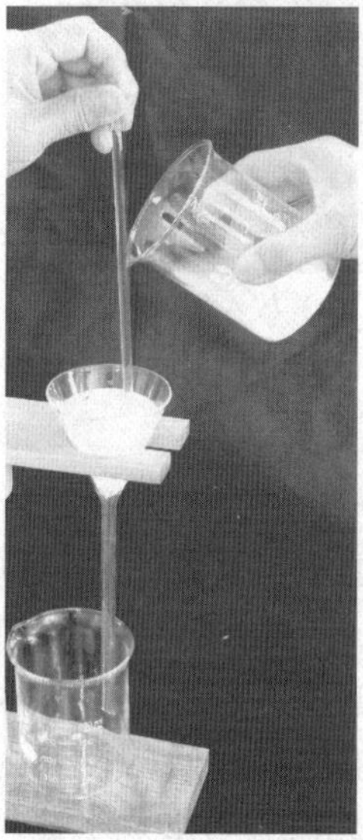

图 3-2-6 倾泻法过滤

图 3-2-7 倾斜放置烧杯

⑥沉淀的转移。初步洗涤后，在盛有沉淀的烧杯中加入少量洗涤液搅拌混合，立即将沉淀和洗涤液倾入漏斗中。反复多次，直到将沉淀尽可能都转移到滤纸上。然后将玻璃棒横放在烧杯口上，左手食指按住玻璃棒，右手拿起烧杯放在漏斗上方，倾斜烧杯使玻璃棒下端对准 3 层滤纸处，用洗瓶冲洗烧杯壁上所黏附的沉淀，使沉淀同洗液一起流入到漏斗中(图 3-2-8)。

最后用保存的小滤纸块擦拭玻璃棒，再放入烧杯中用玻璃棒压住滤纸进行擦拭。擦拭好的滤纸块用玻璃棒拨入到漏斗中,用洗涤液再冲洗烧杯,将残存的沉淀全部转入漏斗中(图 3-2-9)。

图 3-2-8 沉淀的转移

图 3-2-9 擦拭烧杯中的沉淀

⑦沉淀的洗涤。沉淀转移到滤纸上后,再在滤纸上进行最后的洗涤。这时要用洗瓶顺着滤纸边缘稍下部位,按螺旋形向下移动冲洗沉淀(图 3-2-10)。使沉淀集中到滤纸的底部,小心不要将洗涤液直接冲到滤纸中央沉淀上,以免沉淀外溅。根据实验内容,检验沉淀洗涤干净与否,若洗干净,则沉淀洗涤结束。

图 3-2-10 洗涤漏斗中的沉淀

为了提高洗涤效率。同体积的洗涤液应尽可能地分多次洗涤，通常称为“少量多次”的洗涤原则。每次加少量洗涤液，洗后尽量沥干，再加第二次洗涤液。

(2)用微孔玻璃坩埚或漏斗过滤。有些沉淀不需要灼烧，只需烘干即可称重。还有些沉淀，不能与滤纸一起灼烧(如 AgCl 沉淀)，因其易被还原，对此类型沉淀，应用微孔玻璃坩埚或漏斗过滤。

由于这种滤器的滤板是用玻璃粉末在高温熔结而成的，所以又称它们为玻璃砂芯漏斗或“坩埚”。按其微孔的细度由大至小分为六个等级，$G_1 \sim G_6$，G_1 的孔径最大，G_6 的孔径最小。见表 3-2-2。

表 3-2-2　孔径大小和用途

滤板编号	孔径/μm	用途	滤板编号	孔径/μm	用途
G_1	20～30	滤除大沉淀物及胶状沉淀物	G_4	3～4	滤除液体中系的沉淀物或极细沉淀物
G_2	10～15	滤除大沉淀物及气体洗涤	G_5	1.5～2.5	滤除较大杆菌及酵母
G_3	4.5～9	滤除细沉淀及水银过滤	G_6	1.5 以下	滤除 1.4～0.6 μm 的病菌

4. 沉淀的干燥和灼烧

不同的沉淀，性质不同，有的沉淀还需转换后才能得到要求的称量形式，因此有的沉淀只需烘干即可进行称量，有的则必须灼烧后才能进行称量，不同的操作方法使用的仪器也不完全相同。

(1)干燥器的准备和使用内容见本章 3.1。

(2)坩埚的准备和使用。灼烧沉淀常用瓷坩埚。使用前须用稀盐酸等溶剂清洗干净、晾干或烘干。然后用蓝黑墨水或硫酸亚铁在坩埚和盖上编号。晾干后，将它放入高温炉灼烧。第一次灼烧约半小时，取出稍冷后，转入干燥器内冷却至室温，称重。然后进行第二次灼烧，15～20 min，稍冷后，再转入干燥器中冷却至室温，再称重。如此重复灼烧至恒重(前后两次质量相差不超过 0.2 mg)。灼烧空坩埚的温度必须与以后灼烧沉淀的温度一致。

(3)沉淀的包裹。对于晶型沉淀，可将沉淀卷成小包(图 3-2-11)，包好后，用原撕下来的那一小块滤纸，将漏斗内壁轻轻擦拭，擦下可能粘在漏斗上部的沉淀颗粒。将滤纸包的 3 层部分向上放入已恒重的坩埚中。这样可使滤纸易炭化。

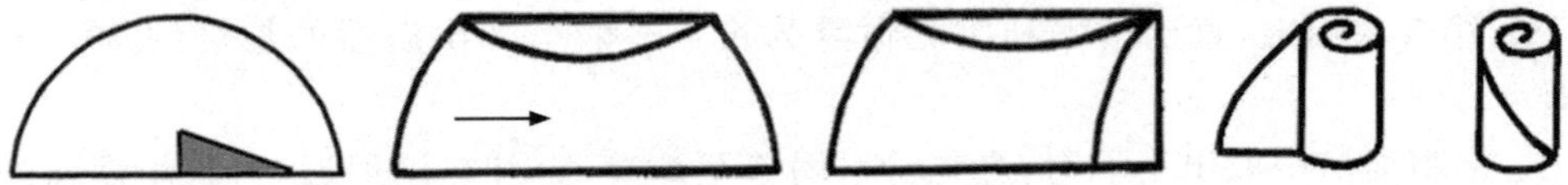

(A)　(B)　(C)　(D)

图 3-2-11　晶型沉淀的包裹

对于胶状沉淀，可用玻璃棒将滤纸的 3 层部分挑起，向中间折叠，将沉淀全部盖住（图 3-2-12），再用玻璃棒轻轻转动滤纸包，擦净漏斗内壁可能粘有的沉淀。然后将滤纸包转移至已恒重的坩埚中。

（4）沉淀和滤纸的烘干、炭化与灰化。通常在电炉上或煤气灯上进行。将包好的沉淀放入准备好的坩埚中，倾斜放在垫有石棉网的电炉上，慢慢加热烘干，多层滤纸部分朝上，盖上坩埚盖略留一些空隙（图 3-2-13）。稍稍加大火力，使滤纸炭化，此时滤纸变黑。注意火力不能太大，如温度升高太快滤纸会生成整块的碳。如遇滤纸着火可用坩埚盖盖住，使火焰熄灭，不可用嘴吹灭，以免沉淀飞溅。火熄灭后将坩埚盖移至原位，继续加热至滤纸全部炭化。炭化后加大加热功率使滤纸灰化，滤纸灰化后应该呈灰白色。为了使坩埚壁上的炭灰化完全，应该随时用坩埚钳夹住坩埚转动。但注意每次只能转一极小的角度，以免转动过剧使沉淀飞扬。

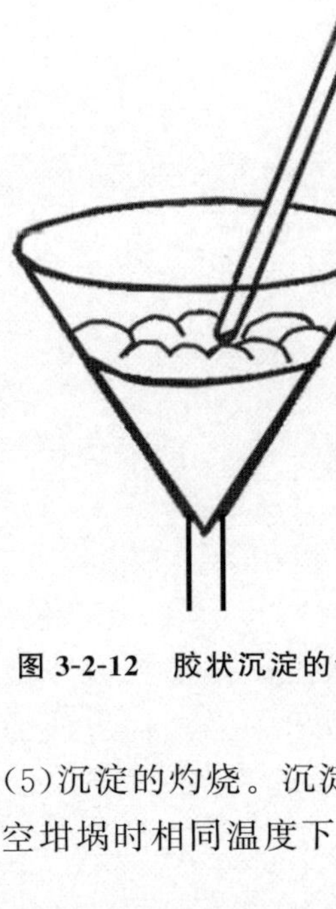

图 3-2-12　胶状沉淀的包裹

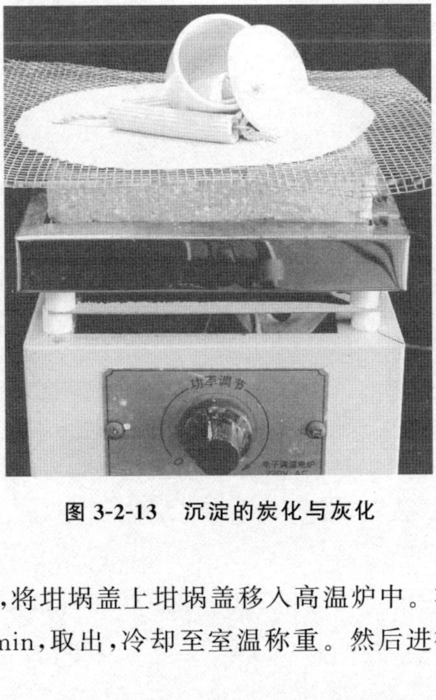

图 3-2-13　沉淀的炭化与灰化

（5）沉淀的灼烧。沉淀和滤纸灰化后，将坩埚盖上坩埚盖移入高温炉中。在与灼烧空坩埚时相同温度下，灼烧 40～45 min，取出，冷却至室温称重。然后进行第

2 次、第 3 次灼烧，直至坩埚和沉淀恒重为止。一般第 2 次以后的灼烧约 20 min 即可。

从高温炉中取出坩埚时，应先将坩埚移至炉口，至红热稍退后，再将坩埚从炉中取出，放在洁净的瓷板上。在夹取坩埚时，坩埚钳提前预热，待坩埚冷至红热退去后，再将坩埚移至干燥器中。放入干燥器后，盖好盖子，随后须开启干燥器盖 1～2 次。在干燥器冷却时，原则上冷至室温，一般需 30 min 以上。但要注意每次灼烧、称重和放置的时间都要保持一致。

对于不必灼烧的沉淀，或对热稳定性差的沉淀，用微孔玻璃坩埚过滤的沉淀，只需烘干除去沉淀中的水分和可挥发性物质，即可使沉淀成为称量形式。把微孔玻璃坩埚中的沉淀洗净后，放入烘箱，根据沉淀的性质，在适当的温度下烘干。取出，稍冷后放入干燥器中冷却至室温，进行称量。再放入烘箱中烘干、冷却、称量，如此反复操作，直至恒重，前后两次质量之差不超过 0.2 mg。微孔玻璃坩埚放入烘箱中烘干时，应将它放在表面皿上进行。根据沉淀性质确定干燥温度。一般第一次烘干约 2 h，第二次约 45～60 min，如此重复烘干，称重，直至恒重为止。

第4章　定量分析基础实验

实验1　分析天平使用练习

【实验目的】

1. 观察和熟悉分析天平的构造组成。

2. 了解电子天平的称量原理。

3. 学习分析天平的基本操作并且熟悉使用规则。

4. 掌握分析称量的3种常用称量方法。

【实验原理】

见第2章2.4.1中的3。

【仪器与试剂】

分析天平(0.000 1 g/分度),称量瓶,瓷坩埚,称量纸,纸条或白手套。

洗净的细沙,$CaCO_3$ 固体粉末。

【实验步骤】

1. 称量前的准备

(1)取下天平罩,规整地叠好放于天平防风罩顶部。

(2)检查天平的水平仪,观察水平泡的位置,若不在圆圈内,立即向老师报告,调节地脚螺栓。

(3)按ON键开机。

2. 直接称量法和差减称量法

(1)用纸条套住洁净、干燥的坩埚一个,放于电子天平秤盘中央,准确称量,称准至0.000 1 g。于实验报告记录本上记录空坩埚的质量 m_0(表4-1-1)。或者戴白手套进行上述操作。

(2)取下空坩埚后,将坩埚放于洁净的白纸上,观察电子天平显示屏上的数字是否为“0.000 0 g”,若不是,按TARE键清零。

(3)用纸条套住装有细沙的称量瓶,准确称其质量,称准至0.000 1 g。记录本上记录称量瓶和细沙的质量 m_1。

(4)取出称量瓶，在已经称过质量的空坩埚上方，打开称量瓶盖子，用盖子敲击瓶口上部，并使称量瓶逐渐倾斜，敲出大约 0.4～0.6 g 的细沙；然后一边继续敲击瓶口，一边逐渐将称量瓶瓶身竖起，待所有的细沙均落回称量瓶后，盖好瓶盖。称量倾出细沙后称量瓶的质量，记录数据 m_2。

(5)计算 $m_1 - m_2$，即为倾出的细沙质量。

(6)准确称量已经盛入细沙的坩埚质量，记录数据 m_0'。

(7)计算 $m_0' - m_0$，即为倾入的细沙质量。

(8)检验从称量瓶倾出细沙的质量与坩埚中倾入细沙的质量是否相同，要求差减出的绝对值 $\Delta m \leqslant 0.4$ mg，视为合格。

(9)重复上述实验操作一次。

3. 固定质量称量法(增重法)

(1)取一张称量纸放于电子天平秤盘，待显示屏显示称量纸的质量后，按 TARE 键清零。

(2)用拇指和食指拿住小药匙，取少量 $CaCO_3$ 固体粉末慢慢加到称量纸的中央，当加入的质量接近 0.2 g 时，小心地用中指敲击小药匙的边缘，使样品慢慢地散落称量纸上，直到显示屏显示“0.200 0 g”为止。

(3)重复上述实验操作一次。

待所有称量操作结束，关闭天平，套好天平罩，在仪器使用本上签字，方可离开天平室。

【实验数据处理及讨论】

表 4-1-1 为两次称量数据。

表 4-1-1 实验数据

项目	Ⅰ	Ⅱ
坩埚质量 m_0/g		
称量瓶＋细沙质量 m_1/g		
倾出细沙后称量瓶＋细沙重量 m_2/g		
倾出细沙质量 $m = (m_1 - m_2)$/g		
坩埚＋倾入细沙质量 m_0'/g		
倾入的细沙质量 $m' = (m_0' - m_0)$/g		
操作结果检验$(m - m')$/g		

实验讨论：

【实验说明】

(1)天平读数时要关闭天平两边的侧门。

(2)天平操作要轻、缓、稳。

(3)进行称量时要套用纸条或戴白手套接触称量器皿，不能直接用手操作。

(4)差减称量过程中称量瓶口不得接触接收器，开或盖称量瓶盖子，必须在接收器上方。

(5)差减称量的过程中，质量少于所要求的数值，可以继续加样，但不得超过 3 次，如果超过所需的数值，那就需要倒掉重新称量。

(6)固定量称量时，试剂超过固定值时，用小药匙取出多余的试剂放入指定的回收器内，不能放回原瓶。

【思考题】

(1)差减称量法和固定量称量法分别适用于称量何种物质？

(2)差减操作实验中造成差减绝对差值大的原因有哪些？

(3)本实验中称量数据应准确至几位？

(4)如果相对误差$\leqslant\pm 0.1\%$，用万分之一天平最少称量多少？

(5)本实验差减法差减出的质量绝对值为什么$\leqslant 0.4$ mg 才视为合格？

实验 2　滴定分析仪器的校准

【实验目的】

1. 认识滴定分析仪器校准的意义。

2. 了解滴定分析仪器校准的称量法和相对校准方法。

3. 掌握滴定管、移液管和容量瓶校准的操作。

【实验原理】

玻璃量器分为量入式和量出式。一般容量瓶是量入式量器，用符号“In”表示。其标称容积与实际体积是一致的，但将溶液从器皿中倒出时器壁上有水膜，所以从中全部取出的溶液实际体积小于标称体积。量出式的量器上标称的体积是指从容量仪器中放出的液体体积，使用时放出液体的速度要严格控制，防止器壁水膜的影响，用符号“Ex”表示，如滴定管、移液管。因此在使用滴定管和移液管放出溶液时，最后都要有停靠的操作。无论是滴定管、容量瓶还是移液管，他们都是分析化学实验中常用的重要量器，其准确度是分析测定结果能否准确的前提。国家对量器作了 A、B 级标准规定，见表 4-2-1、表 4-2-2、表 4-2-3。

表 4-2-1 滴定管的允差和纯水流出时间(GB 12805—1991)

标称容量/mL		5	10	25	50	100
分度值/mL		0.02	0.05	0.1	0.1	0.2
容量允差/mL	A	±0.010	±0.025	±0.04	±0.05	±0.10
	B	±0.020	±0.050	±0.08	±0.10	±0.20
水流出时间/s	A	30～45		45～70	60～90	70～100
	B	20～45		35～70	50～90	60～100
读整前等待时间/s		30				

表 4-2-2 容量瓶的容量允差(GB 12806—1991)

标称容量/mL		10	25	50	100	200	250	500	1 000
容量允差/mL	A	±0.020	±0.03	±0.05	±0.10	±0.15	±0.15	±0.25	±0.40
	B	±0.040	±0.06	±0.20	±0.20	−0.30	±0.30	±0.50	±0.80

表 4-2-3 移液管的容量允差和水的流出时间(GB 12808—1991)

标称容量/mL		2	5	10	20～25	50	100
容量允差/mL	A	±0.010	±0.015	±0.020	±0.030	±0.05	±0.08
	B	±0.020	±0.030	±0.040	±0.060	±0.10	±0.16
水的流出时间/s	A	7～12	15～25	20～30	25～35	30～40	35～40
	B	5～12	10～25	15～30	20～35	25～40	30～40

另外,由于玻璃具有热胀冷缩的特性,在不同的温度下容量器皿的体积也有所不同。因此在准确度要求较高的分析测试中,需要对使用的量器进行校准。

校准的方法有称量法和相对校准法。称量法是先用分析天平称量被校量器中量入和量出的纯水的质量 m,根据当时水温下的纯水的密度 ρ,计算出校准量器在20℃时的实际量入或量出纯水的体积。在进行质量换算成体积时,还需考虑 3 方面的影响,水的密度随温度的变化,温度对玻璃器皿容积胀缩的影响,在空气中称量时空气浮力的影响。因此为了方便计算,将上述 3 种因素综合考虑,得到一个纯水密度总校准值,见表 4-2-4。

表 4-2-4　不同温度下纯水的密度(在空气中用黄铜砝码称量)

温度/℃	密度/(g·mL^{-1})	温度/℃	密度/(g·mL^{-1})
10	0.9984	21	0.997 0
11	0.9983	22	0.996 8
12	0.9982	23	0.996 6
13	0.9981	24	0.996 4
14	0.9980	25	0.996 1
15	0.9979	26	0.995 9
16	0.9978	27	0.995 6
17	0.9976	28	0.995 4
18	0.9975	29	0.995 1
19	0.9973	30	0.994 8
20	0.9972		

例如：某移液管 21℃时放出的纯水质量是 24.9320 g，计算它的实际体积。

答：查表 21℃时纯水密度为 0.997 0 g·mL^{-1}，

所以，$V_{20}=\dfrac{24.932\,0\ \text{g}}{0.997\,0\ \text{g}\cdot\text{mL}^{-1}}=25.01\ \text{mL}$

当两种容器体积之间有一定的比例关系时，常采用相对校准的方法。比如分析化学实验中，常利用容量瓶配制溶液，并用移液管取出其中一部分进行测定，此时重要的不是知道容量瓶与移液管的准确容量，而是二者的容量是否为准确的整数倍关系。例如，用 25 mL 移液管取蒸馏水于干净且倒立晾干的 100 mL 容量瓶中，到第 4 次重复操作后，观察瓶颈处水的弯月面下缘是否刚好与刻线上缘相切，若不相切，且其间距超过 2 mm，应重新作一记号为标线，以后此移液管和容量瓶配套使用时就用标准的标线。

校准工作是一项技术性较强的工作，操作要正确，故对实验室有下列要求：

(1)天平的称量误差应小于量器允差的 1/10。

(2)需要分度值为 0.1℃的温度计。

(3)室内温度变化不超过 1℃·h^{-1}，室温最好控制在(20±5)℃。

【仪器与试剂】

分析天平(0.0001 g/分度)，50 mL 酸式滴定管，25 mL 移液管，100 mL 容量瓶，温度计(0～50℃)，洗耳球，具塞锥形瓶(50 mL)。

【实验步骤】

1. 滴定管的校准(称量法)

①将洗净且外表干燥的具塞锥形瓶放在分析天平上称量，得空瓶质量 $m_{瓶}$，记录至 0.000 1 g。

②将洗净的滴定管盛满新鲜的纯水，调至 0.00 mL 刻度处，从滴定管中向已称重的具塞锥形瓶中放出一定体积的纯水，比如放出 5 mL 的水，控制水放出的速度，距离被较刻度 1 mL 时，改为滴加，体积记为 V，立即盖好瓶塞。

③称出"瓶+水"的质量，计算两次质量之差，即为放出水的质量 $m_{水}$。

④测量水温，计算放出的水的体积(20℃)。

⑤用同法称量滴定管从 0 到 10 mL，0 到 15 mL，0 到 20 mL，0 到 25 mL，0 到 30 mL，0 到 35 mL，0 到 40 mL，0 到 45 mL，0 到 50 mL 等刻度间的 $m_{水}$，计算各间隔分段的实际容量 V_{20}。重复校准一次，两次相应区间的水质量相差应小于 0.0002 g。以滴定管被校分度线的标称容量为横坐标，相应的校正值为纵坐标，绘制滴定管校准曲线。

2. 移液管和容量瓶的相对校准

用洁净的 25 mL 移液管移取纯水于干净且晾干的 100 mL 容量瓶中，重复操作 4 次，观察液面的弯月面下缘是否恰好与标线上缘相切，如不相切，且其间距超过 2 mm，则用胶布在瓶颈上另做标记。

【实验数据处理及讨论】

50 mL 酸式滴定管校准数据[水温____℃，此温度下 ρ(水)____]

V_0/mL	$m_{(水+瓶)}$/g	$m_{瓶}$/g	$m_{水}$/g	V_{20}/mL	ΔV/mL
0.00～5.00					
0.00～10.00					
0.00～15.00					
0.00～20.00					
0.00～25.00					
0.00～30.00					
0.00～35.00					
0.00～40.00					
0.00～45.00					
0.00～50.00					

以滴定管被校分度线/mL 为横坐标，相应的校正值/mL 为纵坐标，绘出校准曲线。

【实验说明】

(1)校准不当和使用不当都是产生容积误差的主要原因，其误差甚至可能超过允许或量器本身的误差。因而在校准时务必正确、仔细地进行操作，尽量减小校准误差。

(2)量器在校准时要注意清洁，取放锥形瓶称量时，用结实的牛皮纸条套取。

(3)校准用的纯水应为新鲜水，而且水温与室温相同。测量实验水温时，须将温度计插入水中后才读数，读数时温度计球部位仍浸在水中。

(4)校准过程中具塞锥形瓶磨口和塞子都不要沾到水。

【思考题】

(1)分段校准滴定管时，为什么每次都要从 0.00 mL 开始？

(2)哪些因素影响校准实验的准确性？

实验 3　酸碱标准溶液的配制

【实验目的】

1. 掌握标准溶液的配制方法。

2. 熟悉酸碱标准溶液的配制过程。

【实验原理】

标准溶液的配制有直接配制法和标定法两种。

(1)直接配制法。在分析天平上准确称量一定量的基准物质，溶解后转入已校正的容量瓶中，稀释至刻度，摇匀，即可计算出标准溶液的准确浓度。

(2)标定法。许多物质不符合基准物质的条件，不能直接配制标准溶液，可以采用标定法。一般先将此类物质配成近似所需浓度的溶液，再用基准物或者另一种已知浓度的标准溶液来测定其准确浓度。

在酸碱滴定中，HCl 溶液和 NaOH 溶液是常用的酸碱溶液，但是浓盐酸和氢氧化钠都不是基准试剂。浓盐酸易挥发，NaOH 具有很强的吸水性，且易吸收空气中的 CO_2，所以采用标定法来配制 HCl 标准溶液和 NaOH 标准溶液。

【仪器与试剂】

电子天平(0.01 g/分度)，量筒(10 mL、100 mL、1 000 mL)，玻璃试剂瓶(1 000 mL)，塑料试剂瓶(1 000 mL)，烧杯，玻璃棒。

浓 HCl(AR)，NaOH(AR)。

【实验步骤】

1. 0.1 mol·L^{-1} HCl 标准溶液的配制

计算配制 1 000 mL 0.1 mol·L^{-1} HCl 标准溶液所需浓盐酸(ρ=1.19 g·mL^{-1},$\omega\approx$ 37%)的用量。用 10 mL 量筒按计算值量取浓盐酸,倒入洁净的玻璃试剂瓶中,用蒸馏水稀释到 1 L,摇匀,贴上标签(标签内容:试剂名称、姓名、专业及配制日期),备用。

2. 0.1 mol·L^{-1} NaOH 标准溶液的配制

计算配制 1 L 0.1 mol·L^{-1} NaOH 标准溶液时,所需 NaOH 固体的质量。在电子天平上用烧杯快速称取固体 NaOH(不能用纸),用 100 mL 量筒量取 100 mL 无 CO_2 的蒸馏水,用 30 mL 溶解 NaOH,余下的冲洗烧杯 3 次,所有溶液都转移至塑料试剂瓶中,再加 900 mL 无 CO_2 的蒸馏水,用橡胶塞塞好瓶口,摇匀,贴上标签(标签内容:试剂名称、姓名、专业及配制日期),备用。

【实验说明】

(1)浓盐酸具有很强的挥发性,HCl 溶液的配制在通风橱中进行。

(2)NaOH 固体具有很强的吸水性,称量需快速进行。

【思考题】

(1)能否直接准确配制 NaOH 标准溶液?为什么?

(2)配制 HCl 溶液时,所需的浓盐酸是否需要准确量取?为什么?

(3)配制 NaOH 溶液时,所需的 NaOH 固体是否要用万分之一天平称取?为什么?

(4)配制 NaOH 溶液为什么用无 CO_2 的蒸馏水?怎样得到无 CO_2 的蒸馏水?

(5)配制 HCl 和 NaOH 溶液时加入的蒸馏水是否需要准确量取?为什么?

【试剂安全】

浓盐酸在空气中极易挥发,且对皮肤和衣物有强烈的腐蚀性,相关操作应在通风橱中进行。通风橱开启后,不要把头伸入橱内,并且保持实验室通风良好。

氢氧化钠,俗称烧碱、火碱、苛性钠,具有强腐蚀性,易潮解。

实验 4 滴定分析操作练习

【实验目的】

1. 巩固酸式、碱式滴定管的使用方法。

2. 正确掌握滴定分析的基本操作。

3. 掌握酸碱指示剂的选择方法。

4. 练习滴定终点的判断。

5. 结合实验，理解有效数字、准确度和精密度的概念。

【实验原理】

滴定分析是将一定量的被测物置于锥形瓶中，借助于滴定管将一种已知准确浓度的标准溶液滴加到待测试样中，至化学计量点，然后根据所耗标准溶液的浓度和体积，依两者相互作用时的化学计量关系，求得待测试样中组分含量的一种方法。

一定浓度的 HCl 和 NaOH 溶液相互滴定时所消耗的体积之比是一定的，改变被滴定液的体积，但 $\frac{V(\mathrm{NaOH})}{V(\mathrm{HCl})}$ 是一定值。因此，可以通过滴定分析的操作练习，训练判断滴定终点的能力。

$$\mathrm{HCl}+\mathrm{NaOH}=\mathrm{NaCl}+\mathrm{H_2O}$$

达到化学计量点时，$c(\mathrm{HCl})\cdot V(\mathrm{HCl})=c(\mathrm{NaOH})\cdot V(\mathrm{NaOH})$，据此可以计算出体积之比，$V(\mathrm{NaOH}):V(\mathrm{HCl})=c(\mathrm{HCl}):c(\mathrm{NaOH})$。

反应终点产物为 NaCl，溶液呈中性，滴定的理论变色点为 pH＝7.0。若用 0.1 000 $\mathrm{mol\cdot L^{-1}}$ NaOH 溶液滴定同浓度的 HCl 溶液，其突跃范围为 4.30～9.70。实验室常用的指示剂有甲基红(变色范围 pH 4.4～6.2)、甲基橙(变色范围 pH 3.1～4.4)、酚酞(变色范围 pH 8.2～10.0)等。指示剂的选择原则为：指示剂的变色范围应全部或部分落在滴定突跃范围内；要便于肉眼观察颜色变化，从无色到有色，从浅色到深色。

【仪器与试剂】

酸式滴定管(50 mL)，碱式滴定管(50 mL)，锥形瓶(250 mL)，洗耳球。

0.1%甲基红，0.2%酚酞，HCl(0.1 $\mathrm{mol\cdot L^{-1}}$)，NaOH(0.1 $\mathrm{mol\cdot L^{-1}}$)。

【实验步骤】

1. NaOH 溶液滴定 HCl 溶液

用 0.1 $\mathrm{mol\cdot L^{-1}}$ NaOH 溶液将已洗干净的碱式滴定管润洗 3 次，每次用 10 mL 左右润洗。然后将 NaOH 溶液倒入碱式滴定管中至“0”刻度以上，赶走气泡，调节滴定管内溶液的弯液面在 0～5 mL 之间，记录初读数，置于滴定管架上。用同样的方法将 0.1 $\mathrm{mol\cdot L^{-1}}$ HCl 溶液装入酸式滴定管中。以每分钟 10 mL 的流速放出 20～25 mL 的 HCl 溶液于锥形瓶中(读至 0.01 mL)，加入 2 滴酚酞指示剂。用 NaOH 溶液滴定 HCl 溶液，滴定时边滴边摇动锥形瓶，先快后慢，临近终点时采用半滴加入法滴加，至粉红色(30 s 不褪色)即为终点，记录读数。平行测定

3份以上，计算 $V(NaOH)$: $V(HCl)$的数值，相对极差不得大于0.3%。

2. HCl溶液滴定NaOH溶液

用0.1 $mol \cdot L^{-1}$ HCl溶液将已洗干净的酸式滴定管润洗3次，每次用10 mL左右润洗，然后将HCl溶液倒入酸式滴定管中至"0"刻度以上，赶走气泡，调节滴定管内溶液的弯液面在0～5 mL之间，记录初读数，置于滴定管架上。用同样的方法将0.1 $mol \cdot L^{-1}$ NaOH溶液装入碱式滴定管中。以每分钟10 mL的流速放出20～25 mL的NaOH溶液于锥形瓶中（读至0.01 mL），加入2滴甲基红指示剂。用HCl溶液滴定NaOH溶液，边滴边摇动锥形瓶至溶液由黄色变成橙色即为终点，记录读数。平行测定3份以上，计算 $V(HCl)$: $V(NaOH)$，相对极差不得大于0.3%。

【实验数据处理及讨论】

酸碱溶液比较滴定

指示剂 / 项目	NaOH滴定HCl（酚酞）			HCl滴定NaOH（甲基红）		
	Ⅰ	Ⅱ	Ⅲ	Ⅰ	Ⅱ	Ⅲ
HCl初读数/mL						
HCl终读数/mL						
$V(HCl)$/mL						
NaOH初读数/mL						
NaOH终读数/mL						
$V(NaOH)$/mL						
$V(NaOH)/V(HCl)$						
$V(NaOH)/V(HCl)$平均值						
$V(HCl)/V(NaOH)$						
$V(HCl)/V(NaOH)$平均值						
相对极差						

【实验说明】

滴定过程中，先快后慢，边滴边摇，接近终点时一定要半滴控制。

【思考题】

1. 使用酸碱滴定管前为什么要润洗？所用的锥形瓶是否要润洗？为什么？

2. 滴定时，每次的初读数是否都应该在 0～5 mL 之间？为什么？

3. NaOH 溶液和 HCl 溶液相互滴定，终点产物都是 NaCl 和 H_2O，为什么 NaOH 溶液滴定 HCl 溶液时，采用的指示剂为酚酞，而 HCl 溶液滴定 NaOH 溶液时，采用的指示剂却是甲基红，为什么？

实验 5　氢氧化钠溶液的标定

【实验目的】

1. 掌握氢氧化钠溶液的标定方法。

2. 了解基准物质的选择原则。

3. 熟练掌握差减称量法。

【实验原理】

标定氢氧化钠溶液的基准物质有草酸（$H_2C_2O_4 \cdot 2H_2O$）、邻苯二甲酸氢钾（$KHC_8H_4O_4$）等。邻苯二甲酸氢钾因易制得纯品，在空气中不吸水，易保存，摩尔质量大（$204.2\ g \cdot mol^{-1}$），与 NaOH 反应的计量比为 1∶1 等优点，是标定氢氧化钠溶液最常用的基准物质。

$$KHC_8H_4O_4 + NaOH = KNaC_8H_4O_4 + H_2O$$

化学计量点时，溶液呈弱碱性，pH≈9.0，可以选用酚酞做指示剂。

氢氧化钠标准溶液的计算公式如下：

$$c(NaOH) = \frac{m(KHC_8H_4O_4)}{M(KHC_8H_4O_4) \cdot V(NaOH)}$$

【仪器与试剂】

碱式滴定管（50 mL），分析天平（0.000 1 g/分度），锥形瓶（250 mL），量筒（50 mL）。

酚酞指示剂，NaOH 溶液（$0.1\ mol \cdot L^{-1}$），邻苯二甲酸氢钾（AR）。

【实验步骤】

用分析天平（0.000 1 g/分度）称取一定质量的邻苯二甲酸氢钾，置于 250 mL 的锥形瓶中，加 30 mL 无 CO_2 的蒸馏水溶解，加 1～2 滴酚酞，用待标定的 $0.1\ mol \cdot L^{-1}$ NaOH 溶液滴定至溶液由无色至浅粉色，并且 30 s 不褪色，即为滴定终点。平行滴定 3 份以上，直至相对极差小于 0.3%。

【实验数据处理及讨论】

NaOH 溶液的标定

项目	Ⅰ	Ⅱ	Ⅲ
邻苯二甲酸氢钾质量/g			
V(NaOH)初读数/mL			
V(NaOH)终读数/mL			
V(NaOH)/mL			
c(NaOH)/(mol·L^{-1})			
$\bar{c}$(NaOH)/(mol·L^{-1})			
相对极差			

【实验说明】

1.溶解基准物时,不要使用玻璃棒搅拌;完全溶解之后再开始标定。

2.平行滴定时,邻苯二甲酸氢钾可以同时称量并溶解,但锥形瓶一定要编号,避免混淆。

3.滴定至终点附近时,NaOH 溶液应半滴滴加以防止滴过,且要用洗瓶及时淋洗锥形瓶内壁。

【思考题】

1.溶解邻苯二甲酸氢钾的锥形瓶是否需要干燥?

2.溶解邻苯二甲酸氢钾的蒸馏水是否需要准确量取?

3.滴定前酚酞指示剂是否可以多加?为什么?

实验 6　食用白醋总酸量的测定

【实验目的】

1.学习食用白醋中总酸量的测定原理和方法。

2.了解强碱滴定弱酸的基本原理和指示剂的选择原则。

3.熟练掌握移液管和容量瓶的正确使用方法。

【实验原理】

食用白醋的主要成分是醋酸，其 $K_a(HAc)=1.8\times10^{-5}$，此外还有少量的其他有机弱酸，如乳酸等。当用 NaOH 标准溶液滴定时，凡是 $(c/c^{\ominus})\cdot K_a\geqslant10^{-8}$ 的弱酸均可被准确测定，所以测出的实际是总酸量，通常以分析结果中含量最高的 HAc 表示。

HAc 与 NaOH 的反应方程式如下：

$$HAc+NaOH=NaAc+H_2O$$

若用 0.1 000 $mol\cdot L^{-1}$ NaOH 溶液滴定 20.00 mL 同浓度的 HAc 溶液，在 ±0.1％误差内，其突跃范围为 pH 7.74～9.70。计量点时生成 NaAc，溶液 pH 为 8.7，故可选用酚酞作为指示剂。但是必须注意 CO_2 对反应的影响，因为与测定无关的 CO_2 在 pH＞5 时会参与滴定反应。

食用白醋是液体试样，所以一般都是量取其体积，测定结果是以醋酸的质量浓度 $\rho(HAc)$表示，单位是 $g\cdot L^{-1}$。食用白醋中醋酸的含量一般在 3％～5％，浓度较大，应适当稀释后再测量。

食用白醋总酸量的计算公式如下：

$$\rho(HAc)=\frac{c(NaOH)\cdot V(NaOH)\cdot M(HAc)}{V(\text{样品})}$$

【仪器与试剂】

碱式滴定管(50 mL)，容量瓶(250 mL)，锥形瓶(250 mL)，移液管(25 mL)，洗耳球。酚酞指示剂，已知浓度的 NaOH 标准溶液，食用白醋。

【实验步骤】

用移液管吸取 25.00 mL 食用白醋于 250 mL 容量瓶中，再用无 CO_2 的蒸馏水稀释定容至刻度，摇匀备用。

用移液管吸取 25.00 mL 已稀释的食用白醋样品于 250 mL 的锥形瓶中，加 1～2 滴酚酞，用已知浓度的 NaOH 标准溶液滴定至溶液呈浅粉色，并且 30 s 不褪色，即为滴定终点，记录所消耗的 NaOH 标准溶液的体积。平行滴定 3 份以上，直至相对极差小于 0.3％。

【实验数据处理及讨论】

食用白醋总酸量的测定

项目	Ⅰ	Ⅱ	Ⅲ
$c(NaOH)/(mol \cdot L^{-1})$			
V(样品)/mL			
$V(NaOH)$初读数/mL			
$V(NaOH)$终读数/mL			
$V(NaOH)$/mL			
$\rho(HAc)/(g \cdot L^{-1})$			
$\bar{\rho}(HAc)/(g \cdot L^{-1})$			
相对极差			

【实验说明】

1. 化学计量点时，溶液 pH 为 8.7，CO_2 会参与反应，影响结果。所以稀释食用白醋的蒸馏水需要提前去除 CO_2。

2. 实验过程中要注意移液管、容量瓶和碱式滴定管的规范操作。

3. 平行实验时，稀释的食用白醋试样需现取现用。

【思考题】

1. 本实验中为什么选用酚酞做指示剂？可否选用甲基橙或甲基红做指示剂？为什么？

2. 本实验中的移液管、容量瓶和碱式滴定管是否都需要润洗？为什么？

3. 本实验中，滴定至终点呈浅红色的溶液在空气中放置一段时间会变无色，为什么？

实验 7　盐酸溶液的标定

【实验目的】

1. 掌握标定盐酸溶液的方法。

2. 熟悉滴定过程中的半滴加入法，准确判断滴定终点。

3. 进一步熟悉指示剂终点的辨别。

【实验原理】

标定盐酸溶液的基准物质有硼砂（$Na_2B_4O_7 \cdot 10H_2O$）和无水碳酸钠（Na_2CO_3）。无水碳酸钠（Na_2CO_3）易制得纯品，价格低廉，但吸湿性强，故使用前需在 270～300℃干燥 2 h 烘至恒重，在干燥器中冷却后方才使用。由于无水碳酸钠(Na_2CO_3)摩尔质量相对较小，所以称量误差大。硼砂($Na_2B_4O_7 \cdot 10H_2O$)易于制得纯品、吸湿性小、稳定并且摩尔质量大(称量误差小)，故常选用硼砂($Na_2B_4O_7 \cdot 10H_2O$)作为标定盐酸溶液的基准物质。

硼砂含有结晶水，当空气中相对湿度小于 39%时，易风化失去部分结晶水，故使用前须保存于相对湿度为 60%的干燥器(下置饱和的蔗糖和氯化钠溶液)中。

用硼砂标定盐酸的反应如下：

$$Na_2B_4O_7 \cdot 10H_2O + 2HCl = 4H_3BO_3 + 2NaCl + 5H_2O$$

化学计量点时，H_3BO_3 溶液呈弱酸性，pH 约为 5.1，可以选用甲基红做指示剂。

盐酸标准溶液的计算公式如下：

$$c(HCl) = \frac{2\,m(Na_2B_4O_7 \cdot 10H_2O)}{M(Na_2B_4O_7 \cdot 10H_2O) \cdot V(HCl)}$$

【仪器与试剂】

酸式滴定管(50 mL)，分析天平(0.000 1 g/分度)，锥形瓶(250 mL)，量筒(50 mL)，甲基红指示剂，0.1 $mol \cdot L^{-1}$ HCl，硼砂(AR)。

【实验步骤】

用分析天平(0.000 1 g/分度)称取一定质量的硼砂，置于 250 mL 的锥形瓶中，加 30 mL 蒸馏水，稍微加热使其溶解(不要使用玻璃棒搅拌)。待溶液冷却后，加 2～3 滴甲基红指示剂，溶液呈黄色，用待标定的 0.1 $mol \cdot L^{-1}$ HCl 溶液滴定至溶液由黄色变为橙色，即为滴定终点。平行滴定 3 份以上，直至相对极差小于 0.3%。

【实验数据处理及讨论】

HCl 溶液的标定

项目	Ⅰ	Ⅱ	Ⅲ
硼砂质量/g			
V(HCl)初读数/mL			
V(HCl)终读数/mL			
V(HCl)/mL			
$c(HCl)/(mol \cdot L^{-1})$			
$\bar{c}(HCl)/(mol \cdot L^{-1})$			
相对极差			

【实验说明】

1. 溶解硼砂时微热即可，温度不得过高，不要使用玻璃棒搅拌，完全溶解之后以少量水冲洗锥形瓶内壁，冷却至室温后再标定。

2. 以甲基红为指示剂时，溶液颜色由黄色变为橙色，终点颜色不易观察，可以先配制一定体积的硼砂溶液，反复练习后再标定。

3. 滴定至终点附近时，HCl 溶液应半滴滴加以防止滴定过量，且要用洗瓶及时淋洗锥形瓶内壁。

【思考题】

1. 若用风化失水的硼砂标定盐酸溶液，结果会偏高还是偏低？

2. 溶解硼砂的蒸馏水是否需要去除 CO_2？为什么？

3. 若用无水碳酸钠标定 HCl，称量范围是多少？怎样减少称量带来的测量误差？

实验 8　氨水中 NH_3 含量的测定

【实验目的】

1. 掌握用返滴定法测定氨水中 NH_3 含量的测定原理和方法。

2. 进一步巩固移液管的正确操作。

【实验原理】

氨水是弱碱溶液，其 $K_b^{\ominus}>10^{-7}$，可用强酸直接滴定。但是由于氨易挥发，滴定过程中要不断振荡锥形瓶，加剧氨气逸出损失，增大测量误差，因此常采用返滴定法。先将氨水加到过量的已知浓度的 HCl 标准溶液中，使 NH_3 先与 HCl 反应，然后用已知浓度的 NaOH 标准溶液返滴过量的 HCl，即可以避免上述氨气逸出的问题。

$$NH_3 \cdot H_2O + HCl(\text{过量}) = NH_4Cl + H_2O$$
$$HCl(\text{剩余}) + NaOH = NaCl + H_2O$$

用 NaOH 滴定 NH_4Cl 和 HCl 混合酸时，HCl 可被分步滴定，故化学计量点时，溶液中有 NaCl 和 NH_4Cl，pH 约为 5.3，故选用甲基红作为指示剂。测定结果 NH_3 的质量浓度用 $\rho(NH_3)$ 表示，常用单位是 $g \cdot L^{-1}$。

氨水中 NH_3 含量的计算公式如下：

$$\rho(NH_3)=\frac{c(HCl)\cdot V(HCl)-c(NaOH)\cdot V(NaOH)}{V(\text{氨水试样})}\cdot M(NH_3)$$

【仪器与试剂】

碱式滴定管(50 mL),酸式滴定管(50 mL),锥形瓶(250 mL),移液管(25 mL),洗耳球。

甲基红指示剂,NaOH 标准溶液,HCl 标准溶液,氨水试样。

【实验步骤】

从酸式滴定管中放出约 40 mL(读数至 0.01 mL)已知浓度的 HCl 标准溶液于锥形瓶中,加入 2～3 滴甲基红指示剂,溶液呈红色。然后用移液管吸取 25.00 mL 氨水试样转移到盛有 HCl 标准溶液的锥形瓶中,用已知浓度的 NaOH 标准溶液滴定,直至溶液颜色由红色变为橙色,即为滴定终点,记录所消耗的 NaOH 标准溶液的体积。平行滴定 3 份以上,直至相对极差小于 0.3%。

【实验数据处理及讨论】

氨水中 NH_3 含量的测定

项目	Ⅰ	Ⅱ	Ⅲ
$c(NaOH)/(mol \cdot L^{-1})$			
$c(HCl)/(mol \cdot L^{-1})$			
V(氨水试样)/mL			
$V(HCl)$初读数/mL			
$V(HCl)$终读数/mL			
$V(HCl)/mL$			
$V(NaOH)$初读数/mL			
$V(NaOH)$终读数/mL			
$V(NaOH)/mL$			
$\rho(NH_3)/(g \cdot L^{-1})$			
$\bar{\rho}(NH_3)/(g \cdot L^{-1})$			
相对极差			

【实验说明】

1. 本实验采用返滴定法,要先加 HCl 溶液,再加氨水样品,顺序不能改变。

2. 实验过程中要注意移液管和碱式滴定管的规范操作。

【思考题】

1. 本实验中为什么选用甲基红作为指示剂?

2. 本实验为什么采用返滴定法测定氨水中 NH_3 的含量?

3. 本实验滴定过程中,如果 NaOH 溶液滴定过量,可否用 HCl 溶液回滴?

实验 9 碱面中总碱量的测定

【实验目的】

1. 了解多元弱碱滴定中 pH 的变化过程。
2. 了解混合指示剂的优点,学会选择混合指示剂。
3. 掌握利用混合指示剂测定碱面中总碱量的方法。
4. 掌握双指示剂法测定碱面中各组分含量的原理方法。

【实验原理】

碱面,又称纯碱,其主要成分是 Na_2CO_3,但也有少量的 $NaHCO_3$ 和其他杂质。为了检验碱面的纯度,可以用 HCl 标准溶液测定碱面中总碱量,滴定反应为:

$$2HCl + Na_2CO_3 = 2NaCl + H_2O + CO_2 \uparrow$$

达到化学计量点时,溶液为 H_2CO_3 的饱和溶液,pH 约为 3.9,故可选用甲基橙作指示剂,溶液由黄色变为橙色为终点。由于此反应完全程度较低等原因,使指示剂变色不敏锐,故常选用甲基橙—靛蓝二磺酸钠混合指示剂。

混合指示剂分两类:一类是同时使用两种指示剂,利用彼此颜色之间的互补作用,具有很窄的变色范围,且在滴定终点有敏锐的颜色变化,可以正确地指示滴定终点;另一类是由指示剂与惰性染料(如亚甲基蓝、靛蓝二磺酸钠)组成的,也是利用颜色的互补作用来提高变色的敏锐度。本实验测定碱面总碱量选用甲基橙—靛蓝二磺酸钠混合指示剂,终点时溶液由绿色变为灰色。

碱面中总碱量以 Na_2CO_3 的质量分数 $\omega(Na_2CO_3)$ 表示,计算公式如下:

$$\omega(Na_2CO_3) = \frac{c(HCl) \cdot V(HCl) \cdot M(Na_2CO_3)}{2\,m(\text{样品})}$$

HCl 标准溶液滴定 Na_2CO_3 时,分两步进行:

$$Na_2CO_3 + HCl = NaHCO_3 + NaCl \qquad (1)$$

$$NaHCO_3 + HCl = CO_2 \uparrow + NaCl + H_2O \qquad (2)$$

由(1)和(2)式可知,若只有 Na_2CO_3,两步滴定所消耗的 HCl 标准溶液体积应该基本相等($V_1 \approx V_2$);若其中含有 $NaHCO_3$,第二步消耗的 HCl 标准溶液体积肯定比第一步多($V_2>V_1$)。同时根据两步反应的结果分析，第一步达到化学计量点时，产物为 $NaHCO_3$，溶液 pH 约为 8.3；第二步达到反应化学计量点时，溶液为 H_2CO_3 的饱和溶液，pH 约为 3.9。根据这两个 pH，可以选用酚酞和甲基橙作为滴定终点指示剂。借助于两次指示剂的颜色突变，测出每一步消耗 HCl 标准溶液体积，再进行两组分含量计算。

若 $V_1=V_2$，则试样中只有 Na_2CO_3；若 $V_2>V_1$，则说明试样中有 $NaHCO_3$。

试样中 Na_2CO_3 和 $NaHCO_3$ 的质量分数计算公式如下：

$$\omega(Na_2CO_3)=\frac{c(HCl)\cdot V_1(HCl)\cdot M(Na_2CO_3)}{m(样品)}$$

$$\omega(NaHCO_3)=\frac{c(HCl)\cdot \{V_2(HCl)-V_1(HCl)\}\cdot M(NaHCO_3)}{m(样品)}$$

【仪器与试剂】

分析天平(0.000 1 g/分度)，酸式滴定管(50 mL)，容量瓶(250 mL)，锥形瓶(250 mL)，移液管(25 mL)，洗耳球，小烧杯，量筒(50 mL)。

甲基橙指示剂，酚酞指示剂，甲基橙－靛蓝二磺酸钠混合指示剂，HCl 标准溶液，碱面。

【实验步骤】

1. 碱面中总碱量的测定

用分析天平(0.000 1 g/分度)称取一定质量的碱面试样，置于 100 mL 烧杯中，加 30 mL 蒸馏水，稍微加热使其溶解。冷却后，将溶液转移至 250 mL 容量瓶，并用少量蒸馏水冲洗烧杯 3 次，冲洗的溶液一并转移至容量瓶中，加水稀释定容至刻度，摇匀备用。

用移液管移取 25.00 mL 样品溶液于锥形瓶中，加 3 滴甲基橙-靛蓝二磺酸钠混合指示剂，用 HCl 标准溶液滴定至溶液由绿色变为灰色，即为滴定终点。平行滴定 3 份以上，直至相对极差小于 0.3%。

2. 碱面中 Na_2CO_3 和 $NaHCO_3$ 的含量测定

用移液管移取 25.00 mL 样品溶液于锥形瓶中，加 2 滴酚酞指示剂，用 HCl 标准溶液滴定至溶液由紫红色变为浅粉红色，记录所消耗的 HCl 标准溶液的体积 V_1。再向溶液中加入 2 滴甲基橙指示剂，继续用 HCl 标准溶液滴定至溶液由黄色变为橙色，接近终点时应剧烈摇动锥形瓶，记录消耗的 HCl 标准溶液的体积 V_2，计算出各组分的含量。平行滴定 3 份以上，直至相对极差小于 0.3%。

【实验数据处理及讨论】

碱面中总碱量的测定

项目	Ⅰ	Ⅱ	Ⅲ
试样质量/g			
$c(HCl)/(mol\cdot L^{-1})$			
$V(HCl)$初读数/mL			
$V(HCl)$终读数/mL			
$V(HCl)$/mL			
$\omega(Na_2CO_3)$			
$\bar{\omega}(Na_2CO_3)$			
相对极差			

【实验说明】

1. 接近第2滴定终点时，HCl溶液一定要逐滴滴加，并不断地用力摇动锥形瓶，以防止形成H_2CO_3过饱和溶液提前到达终点。

2. 碱面中Na_2CO_3和$NaHCO_3$的含量测定实验中，第一步滴定终点理论上应为粉红色变为无色，但是这一颜色变化不敏锐，所以终点颜色判断为紫红色变为浅粉色。

【思考题】

1. 测定总碱量时，为什么选用甲基橙-靛蓝二磺酸钠混合指示剂作为指示剂？

2. 本实验滴定过程中，如果HCl溶液滴定过快，对结果会有什么影响？为什么？

实验10 硫酸铵肥料中氮含量的测定(甲醛法)

【实验目的】

1. 掌握甲醛法测定氮肥中氮含量的测定原理和方法。

2. 了解弱酸强化的原理。

3. 学会除去试样和甲醛中的游离酸的方法。

4. 巩固滴定操作。

【实验原理】

氮在无机和有机化合物中的存在形式比较复杂。测定物质中氮含量时，常以总氮、铵态氮、硝态氮等含量表示。氮含量的测定方法主要有两种：①蒸馏法，又称凯式定氮法，适用于无机、有机物中氮含量的测定，准确度较高，操作相对复杂；②甲醛法，适用于铵盐中铵态氮的测定，操作简单。

硫酸铵是常用的氮肥之一，由于 NH_4^+ 的酸性太弱（$K_a^{\ominus}=5.6\times10^{-10}$），不能直接用 NaOH 标准溶液准确滴定，故而在生产和实验中常用甲醛法测定硫酸铵肥料中的氮含量。将硫酸铵与甲醛作用，定量生成质子化的六亚甲基四胺（$K_a^{\ominus}=7.1\times10^{-6}$）和 H^+，生成的质子化六亚甲基四胺和 H^+，可用 NaOH 标准溶液准确滴定，进而求算出总氮量。反应如下：

$$4NH_4^+ + 6HCHO = (CH_2)_6N_4H^+ + 3H^+ + 6H_2O$$
$$(CH_2)_6N_4H^+ + 3H^+ + 4OH^- = (CH_2)_6N_4 + 4H_2O$$

化学计量点时，六亚甲基四胺溶液呈弱碱性，故选酚酞作指示剂。

$$\omega(N)=\frac{c(NaOH)\cdot V(NaOH)\cdot M(N)}{m(样品)}$$

【仪器与试剂】

分析天平（0.000 1 g/分度），碱式滴定管（50 mL），容量瓶（250 mL），锥形瓶（250 mL），移液管（25 mL），洗耳球，量筒。

酚酞指示剂，甲基红指示剂，已知浓度的 NaOH 标准溶液，甲醛。

【实验步骤】

1. 甲醛溶液的处理

甲醛易受空气氧化而生成微量的游离酸，应事先中和，以免产生正误差。取原装甲醛的上层清液 25 mL 于烧杯中，加 25 mL 蒸馏水稀释，加 2 滴酚酞指示剂，用 NaOH 标准溶液滴定至浅粉色。

2. 试样中氮含量的测定

准确称取 1.5～2.5 g 硫酸铵肥料于小烧杯中，加少量蒸馏水溶解，之后定量转移至 250 mL 容量瓶，定容至刻度，摇匀备用。

用移液管吸取 25.00 mL 已稀释定容的硫酸铵肥料样品于 250 mL 的锥形瓶中，加 1 滴甲基红指示剂，如果溶液为黄色，表示无游离酸；如果溶液为红色，表示有游离酸，则用 NaOH 标准溶液滴定至溶液显橙色（除去样品中的游离酸），记下 NaOH 消耗的量 V_1。另取 25.00 mL 试液于锥形瓶中，加入 10 mL 已中和的 1∶1 的甲醛溶液，滴加 2 滴酚酞指示剂，摇匀，放置 5 min，用已知浓度的 NaOH 标准溶液滴定至溶液为浅粉色，并且 30 s 不褪色，即为滴定终点，记录所消耗的 NaOH 标准溶液的体积 V_2。平行滴定 3 份以上，直至相对极差小于 0.3%，计算试样中的氮质量分数。

【实验数据处理及讨论】

硫酸铵肥料中氮含量的测定

项目	Ⅰ	Ⅱ	Ⅲ
$c(NaOH)/(mol \cdot L^{-1})$			
m(样品)/g			
$V(NaOH)$初读数/mL			
$V(NaOH)$终读数/mL			
$V(NaOH)/mL$			
$\omega(N)$			
$\bar{\omega}(N)$			
相对极差			

【实验说明】

1. 甲醛和试样中含有的游离酸对实验结果的准确性影响很大，甲醛稀释后以酚酞为指示剂进行中和，试样中含有的游离酸的去除用 NaOH 标准溶液中和，此时采用甲基红作指示剂，不可用酚酞作指示剂。

2. 若试样含有游离酸用 NaOH 标准溶液中和，测定样品消耗的 NaOH 体积为 $V_2(NaOH)-V_1(NaOH)$。

3. NH_4^+ 与甲醛在室温下反应较慢，故因放置 5 min，使其完全反应再滴定。

【思考题】

1. 实验中加入的甲醛有什么作用？

2. 中和甲醛和硫酸铵肥料试样中的游离酸时，所选用的指示剂为什么不一样？

实验 11 EDTA 标准溶液的配制与标定

【实验目的】

1. 通过实验掌握配位滴定的基本原理，了解配位滴定的特点。

2. 学习 EDTA 标准溶液的配制和标定方法。

3. 掌握金属指示剂的特点和终点判断。

【实验原理】

乙二胺四乙酸，简称 EDTA（以 H_4Y 表示），难溶于水、酸和有机溶剂，易溶于氢氧化钠和氨溶液。分析中常用乙二胺四乙酸二钠盐($Na_2H_2Y \cdot 2H_2O$)。由于 EDTA 反应性强,不易得纯品,故实验中常采用间接法配制成标准溶液。该水溶液 pH=4.8。

标定 EDTA 溶液的基准物很多,如含量不低于 99.95%的金属 Zn、Cu、Pb 等,或者它们的金属氧化物和盐类,如 ZnO、$CaCO_3$ 等。通常选用与被测物组分相同的基准物作为标定剂,可减少系统误差。如果对实验要求不高,可以直接配制使用。

用 $CaCO_3$ 作基准物时,先用盐酸使之溶解,再调节溶液的 pH>12.0,使用钙指示剂,以 EDTA 溶液滴定至溶液由酒红色变为纯蓝色即为终点。为了使终点明显,滴定前溶液中应加少量 Mg^{2+} 离子。

【仪器和试剂】

电子天平(0.01 g/分度,0.000 1 g/分度),酸式滴定管(50 mL),容量瓶(250 mL),移液管(25 mL),烧杯(100 mL,500 mL),锥形瓶(250 mL),洗瓶,聚乙烯试剂瓶。

EDTA 二钠盐(AR),$CaCO_3$(AR),NH_3-NH_4Cl 缓冲溶液(pH=10.0),铬黑 T 指示剂(EBT),稀 HCl(1∶1),MgY。

【实验步骤】

1. 0.01 $moL \cdot L^{-1}$ EDTA 标准溶液的配制

称取分析纯 EDTA 二钠盐($Na_2H_2Y \cdot 2H_2O$)约 1 g 置于 500 mL 烧杯中。加入 30~40 mL 蒸馏水,加热使其溶解。冷却后用水稀释至 250 mL。转移至聚乙烯试剂瓶中摇匀,备用。

2. 钙标准溶液的配制

在分析天平(0.000 1 g/分度)上准确称取经 120℃干燥过的 $CaCO_3$ 基准物 0.5 g,放入 100 mL 烧杯中。先用少量水润湿,慢慢滴加 HCl(1∶1)溶液 10 mL,盖上表面皿加热使其溶解。加少量蒸馏水稀释,冷却后,将溶液定量转移至 250 mL 容量瓶中,用蒸馏水定容,摇匀后,备用。计算钙标准溶液的浓度。

3. EDTA 溶液的标定

用移液管准确量取 25.00 mL 钙标准溶液于锥形瓶中,加 25 mL 蒸馏水及 2 mL MgY 溶液。然后再加 5 mL NH_3-NH_4Cl 缓冲溶液(pH=10.0)及适量 EBT 指示剂,摇匀。立即用 EDTA 溶液滴定至溶液由酒红色变为纯蓝色即为终点,平行标定 3 次。根据滴定消耗的 EDTA 的准确体积和钙标准溶液的浓度计算出 EDTA 溶液的准确浓度。相对极差小于 0.3%。

$$c(\text{EDTA})=\frac{c(\text{Ca})\cdot V(\text{Ca})}{V(\text{EDTA})}$$

4. 直接法配制 0.01 $\text{moL}\cdot\text{L}^{-1}$ EDTA 标准溶液

对于一般分析，EDTA 可以用直接方法配制成准确浓度。用电子分析天平(0.000 1 g/分度)准确称取一定量 $Na_2H_2Y\cdot 2H_2O$，加蒸馏水加热溶解，冷却后定量转移至 250 mL 容量瓶中，定容，计算出 EDTA 溶液的浓度。

【实验数据处理及讨论】

EDTA 溶液的标定

项目	Ⅰ	Ⅱ	Ⅲ
$m(CaCO_3)$/g			
$c(\text{Ca})/(\text{moL}\cdot\text{L}^{-1})$			
V(EDTA)初读数/mL			
V(EDTA)终读数/mL			
V(EDTA)/mL			
$c(\text{EDTA})/(\text{moL}\cdot\text{L}^{-1})$			
$\bar{c}(\text{EDTA})/(\text{moL}\cdot\text{L}^{-1})$			
相对极差			

【实验说明】

1. 配制钙标准溶液时，加盐酸溶解要缓慢，以防二氧化碳冒出时溅失一部分溶液。

2. 配制 EDTA 溶液时，要使固体全部溶解，可以适当加热。

3. 平行滴定时，尽量使溶液的最初颜色保持一致，使用固体指示剂的量不可过多，溶液颜色过深不易判断终点的颜色。

4. 由于配位反应速度较慢，因此在滴定时速度不宜过快。尤其是接近终点时应逐滴加入，还需充分地摇匀。

【思考题】

1. 为什么用 EDTA 二钠盐($Na_2H_2Y\cdot 2H_2O$)配制标准溶液，而不是用 EDTA？

2. 标定 EDTA 溶液的反应中为什么要加入 MgY?

3. 以 $CaCO_3$ 标定 EDTA 溶液，应控制溶液的 pH 是多少？为什么要在缓冲溶液中进行？

实验 12 水的总硬度的测定

【实验目的】

1. 了解测定水体总硬度的意义。

2. 掌握配位滴定法的应用及测定的原理。

3. 学习金属指示剂的使用条件及终点的判断。

【实验原理】

水的总硬度是指水体中钙离子和镁离子的总量。水的硬度可以根据所含有的钙离子和镁离子的存在形式分为暂时硬度和永久硬度。暂时硬度也称为碳酸盐硬度，指水体中的钙镁离子以酸式碳酸盐的形式存在，通过加热能以碳酸盐形式沉淀下来，使水失去硬度。永久性硬度也称为非碳酸盐沉淀，钙镁离子以硫酸盐和氯化物的形式存在，通过加热也不能沉淀下来。国际标准采用“钙镁总量”代替“硬度”，通常用 $CaCO_3$ 的质量浓度（$mg \cdot L^{-1}$）表示硬度。水的硬度对工农业的生产和人类的生活有着密切的影响，我国生活饮用水的卫生标准规定水中钙镁含量以 $CaCO_3$ 计不得超过 450 $mg \cdot L^{-1}$。

国内外一般采用 EDTA 滴定法测定水的总硬度。用 NH_3-NH_4Cl 缓冲溶液调节水样 pH＝10.0，以铬黑 T（简写为 EBT）为指示剂。用 EDTA 标准溶液滴定至溶液由酒红色变为纯蓝色即为终点，此时水样中的 Ca^{2+}、Mg^{2+} 均被滴定。

滴定前：

$$\underset{\text{蓝色}}{Ca + EBT} = \underset{\text{酒红色}}{Ca - EBT}$$

$$\underset{\text{蓝色}}{Mg + EBT} = \underset{\text{酒红色}}{Mg - EBT}$$

由于酒红色的 Ca-EBT 和 Mg-EBT 的稳定性比钙镁离子与 EDTA 形成的无色配离子 CaY 和 MgY 的稳定性弱，因此加入 EDTA 后，配位平衡向生成 CaY 和 MgY 的方向移动。

$$\underset{\text{酒红色}}{Ca - EBT} + Y = \underset{\text{无色}}{CaY} + \underset{\text{蓝色}}{EBT}$$

$$\underset{\text{酒红色}}{Mg - EBT} + Y = \underset{\text{无色}}{MgY} + \underset{\text{蓝色}}{EBT}$$

水样中若含有 Fe^{3+}、Al^{3+} 等干扰离子可用三乙醇胺掩蔽。Cu^{2+}、Pb^{2+}、Zn^{2+}

等重金属干扰离子可用 Na_2S、KCN 或巯基乙酸掩蔽。

若水样中的 HCO_3^- 离子含量较高，测定时会析出 $CaCO_3$ 沉淀，使滴定终点拖长不易观察。此时需事先酸化水样，加热并煮沸以除去水中的 CO_2。测定 Ca^{2+} 离子时，为防止 $Mg(OH)_2$ 沉淀吸附 Ca^{2+} 离子影响测定的准确度和精密度，可在临近终点时再加入氢氧化钠以调节水样的 pH=12.0。

$$\rho(CaCO_3)=\frac{c(EDTA)V(EDTA)M(CaCO_3)}{V(\text{水样})}$$

【仪器和试剂】

酸式滴定管(50 mL)，容量瓶(250 mL)，移液管(50 mL)，锥形瓶(250 mL)，量筒(5 mL)，洗瓶，电炉。

NH_3-NH_4Cl 缓冲溶液(pH=10.0)，NaOH 溶液(10%)，铬黑 T 指示剂(EBT)，钙红指示剂，0.01 moL·L^{-1} EDTA 标准溶液，三乙醇胺，HCl 溶液(1∶1)，水样。

【实验步骤】

1. 水的总硬度测定

准确移取 50.00 mL 水样于锥形瓶中，加入 1～2 滴 HCl(1∶1)溶液使之酸化，煮沸数分钟，除去水样中的 CO_2。冷却后加入 3 mL 三乙醇胺，5 mL NH_3-NH_4Cl 缓冲溶液，适量铬黑 T 指示剂(EBT)，充分摇匀，使铬黑 T 指示剂完全溶解，呈现酒红色。用 EDTA 标准溶液滴定，将近终点时(此时溶液呈紫红色)，一定要一滴一滴加入，并要每加一滴用力摇动，至溶液突变成纯蓝色即为终点。平行测定 3 份，所用 EDTA 体积差不得超过 0.05 mL。平行滴定后计算水的总硬度，以 $\rho(CaCO_3)$(mg·L^{-1})表示。

2. Ca^{2+} 含量的测定

(1)预滴。准确移取 50.00 mL 水样于锥形瓶中，加入 5 mL 10% NaOH 和适量钙红指示剂，用 EDTA 标准溶液滴定(注意慢滴且用力摇动)至溶液由酒红色变成纯蓝色即为终点，记录用量体积 V(预滴)。

(2)测定。另取一份 50.00 mL 水样于锥形瓶中，用滴定管滴加 EDTA 标准溶液，比预滴的体积少约 2 mL 时停止，注意滴定速度要慢，要一滴一滴地加，不可过快。然后加入 5 mL 10%NaOH 和适量钙红指示剂，用 EDTA 标准溶液继续滴定(注意慢滴且用力摇动)至溶液由酒红色变成纯蓝色即为终点。再平行测定 3 份，所用 EDTA 体积差不得超过 0.05 mL。计算水体中钙的浓度，以 $\rho(Ca)$(mg·L^{-1})表示。

【实验数据处理及讨论】

水体中总硬度的测定

项目	编号		
	Ⅰ	Ⅱ	Ⅲ
c(EDTA)/(mol·L^{-1})			
$V(H_2O)$/mL			
V(EDTA)初读数/mL			
V(EDTA)终读数/mL			
V(EDTA)/mL			
$\bar{V}$(EDTA)/mL			
$\rho(CaCO_3)$/(mg·L^{-1})			
相对极差			

【实验说明】

1. 水样在滴定前加入 HCl(1∶1)，减少 HCO_3^- 的影响，HCl 的加入量不可过多；平行测定时，煮沸的时间尽量一致。

2. 配位滴定溶液变色缓慢，在滴定时要放慢滴定速度，特别是接近终点时要半滴半滴加入，并且要充分摇动锥形瓶。

【思考题】

1. 什么叫水的硬度？有哪些表示方法？

2. 用 EDTA 法测定水的硬度时，哪些离了存在有丁扰？如何去除？

3. 使用金属指示剂时应注意哪些事项？为什么用固体指示剂？

实验 13　铅铋混合液中铅、铋含量的连续滴定

【实验目的】

1. 理解控制不同酸度对混合液中金属离子的连续滴定条件的选择。

2. 学习在铅、铋混合液中连续滴定铅和铋的分析方法。

3. 了解二甲酚橙指示剂的变色特征，熟悉终点判断。

【实验原理】

Pb^{2+} 和 Bi^{3+} 溶液均可以与 EDTA 形成稳定的 1∶1 配合物。反应中副反应系数 $\alpha_{Y(H)}$ 与 $\alpha_{Y(N)}$ 性质不同。$\alpha_{Y(H)}$ 随介质 pH 的升高显著减小，而 $\alpha_{Y(N)}$ 则不受介质

酸度的影响。在高酸度介质中，$\alpha_{Y(H)} \gg \alpha_{Y(N)}$，此时，可忽略 $\alpha_{Y(N)}$ 对主反应的影响，即 $\lg K'_f(MY) \approx \lg K_f(MY) - \lg\alpha_{Y(H)}$。$Bi^{3+}$ 和 Pb^{2+} 混合溶液中 BiY^- 非常稳定，$K_f(BiY)=10^{28}$，当 pH=1.0、$c_{sp}(Pb^{2+})=0.01\ mol \cdot L^{-1}$ 时，$\alpha_{Y(H)}=10^{18.3}$，$\alpha_{Y(Pb)}=1+[c(Pb^{2+})/c^{\ominus}] \cdot K_f(Pb^{2+}) \approx 0.01\times10^{18} \approx 10^{16}$，远小于酸效应系数 $\alpha_{Y(H)}$，故可忽略 Pb^{2+} 对主反应的影响。此条件下，$K'_f(BiY)=K_f(BiY)/\alpha_{Y(H)}=10^{28}/10^{18.3}=10^{9.7}>10^8$，所以 Bi^{3+} 可被 EDTA 准确选择性滴定。

$$Pb^{2+} + H_2Y^{2-} = PbY^{2-} + 2H^+$$
$$Bi^{3+} + H_2Y^{2-} = BiY^- + 2H^+$$

滴定时以二甲酚橙为指示剂，在 pH=1.0 的条件下，二甲酚橙只与 Bi^{3+} 形成红色配合物，不与 Pb^{2+} 作用。第一化学计量点时，溶液由红色变为黄色，即为滴定 Bi^{3+} 的终点，消耗的 EDTA 体积记为 V_1，据此可测得 Bi^{3+} 的质量浓度（$mg \cdot L^{-1}$）。随后，在试液中加入六亚甲基四胺，将溶液酸度调至 pH 为 5.0～6.0，此时 $K'_f(PbY)>10^8$，可被准确滴定。此酸度条件下，二甲酚橙又与 Pb^{2+} 形成红色配合物，滴定至溶液变为黄色，至第二化学计量点，即为滴定 Pb^{2+} 的终点，消耗的 EDTA 体积记为 V_2，由此可测得 Pb^{2+} 的质量浓度 ρ（$mg \cdot L^{-1}$）。

$$\rho(Bi^{3+}) = \frac{c(EDTA) \times V_1(EDTA) \times M(Bi^{3+})}{V(\text{样品})}$$

$$\rho(Pb^{2+}) = \frac{c(EDTA) \times [V_2(EDTA) - V_1(EDTA)] \times M(Pb^{2+})}{V(\text{样品})}$$

【仪器和试剂】

酸式滴定管（50 mL），移液管（25 mL），锥形瓶（250 mL），量筒（10 mL）。

Pb^{2+}、Bi^{3+} 混合试液（含 Pb^{2+}、Bi^{3+} 各约 $0.01\ moL \cdot L^{-1}$），EDTA 标准溶液（$0.01\ moL \cdot L^{-1}$），二甲酚橙指示剂（0.2%），六亚甲基四胺溶液（20%）。

【实验步骤】

准确移取 25.00 mL Pb^{2+}、Bi^{3+} 混合试液于锥形瓶中，加入 2～3 滴二甲酚橙指示剂，用 EDTA 标准溶液滴定溶液由紫红色突变为亮黄色，即为滴定 Bi^{3+} 的终点，记录读数 V_1。随后在试液中，加入 10 mL 20%六亚甲基四胺溶液，此时溶液呈紫红色，再多加 5 mL 20%六亚甲基四胺溶液，继续用 EDTA 标准溶液滴定至亮黄色，即为滴定 Pb^{2+} 的终点，记录读数 V_2。平行滴定 3 份，3 份滴定所消耗的 EDTA 的体积相差不大于 0.05 mL。分别计算试液中 Pb^{2+}、Bi^{3+} 的质量浓度 ρ（$mg \cdot L^{-1}$）。

【实验说明】

1. Pb^{2+}、Bi^{3+} 与 EDTA 反应的速率较慢，因此滴定时的速度不要太快而且要充分振荡。

2. 在测定 Bi^{3+} 时，如果溶液的酸度过低，Bi^{3+} 会发生水解，使溶液出现白色浑浊，使终点过早出现。因此测定时不宜多次冲洗锥形瓶内壁。

【实验数据处理及讨论】

混合液中铅、铋含量的连续滴定

项目	编号		
	Ⅰ	Ⅱ	Ⅲ
c(EDTA)/(moL·L^{-1})			
V(试液)/mL			
V_1(EDTA)初读数/mL			
V_1(EDTA)终读数/mL			
V_1(EDTA)/mL			
$\bar{V}_1$(EDTA)/mL			
$\rho(Bi^{3+})$/(mg·L^{-1})			
$\bar{\rho}(Bi^{3+})$/(mg·L^{-1})			
相对极差			
V_2(EDTA)/终读数			
$\bar{V}_2$(EDTA)/mL			
$\rho(Pb^{2+})$/(mg·L^{-1})			
$\bar{\rho}(Pb^{2+})$/(mg·L^{-1})			
相对极差			

【思考题】

1. 配位滴定中，连续滴定法测定不同金属离子的条件是什么？

2. 测定 Bi^{3+} 时要控制 pH≈1.0，酸度过低或过高对测定结果有何影响？

3. 测定 Pb^{2+} 时要调整 pH 为 5.0～6.0，为什么要使用六亚甲基四胺调节酸度？能否用 HAc-NaAc 溶液？

4. 二甲酚橙指示剂使用的 pH 范围是多少？

实验 14 高锰酸钾标准溶液的配制和标定

【实验目的】

1. 掌握高锰酸钾标准溶液的配制方法和标定方法。

2. 了解氧化还原滴定中控制反应条件的重要性。

【实验原理】

在氧化还原滴定法中，高锰酸钾是最常用的氧化剂之一。市售 $KMnO_4$ 中常含有 MnO_2 和其他杂质，且 $KMnO_4$ 本身又具有强氧化性，易和水中的有机物及空气中的粉尘等还原性物质作用，还易自行分解，见光分解得更快，因此 $KMnO_4$ 溶液的浓度容易改变，不能用直接法配制成标准溶液，需用间接法配制。配制时，称取适量 $KMnO_4$(AR)溶于水中，将溶液加热至沸 15 min 左右，冷却后储存于棕色试剂瓶中，放在暗处一周，使溶液中存在的还原性物质被充分氧化，然后用微孔玻璃漏斗过滤除去 MnO_2 沉淀，再进行标定。若长期放置，使用前需重新标定其浓度。

$Na_2C_2O_4$ 和 $H_2C_2O_4 \cdot 2H_2O$ 是常用来标定高锰酸钾溶液的基准物。由于 $Na_2C_2O_4$ 不含结晶水，容易提纯，故较为常用。

在 H_2SO_4 的溶液中，$KMnO_4$ 和 $C_2O_4{}^{2-}$ 的反应如下：

$$2MnO_4^- + 5H_2C_2O_4 + 6H^+ = 2Mn^{2+} + 10CO_2\uparrow + 8H_2O$$

$$c(KMnO_4) = \frac{2\,m(Na_2C_2O_4)}{5M(Na_2C_2O_4)V(KMnO_4)}$$

标定时应注意条件：

(1)控制一定的温度，标定反应温度控制在 75～85℃之间，滴定完毕溶液的温度不应低于 50～60℃，否则反应速度太慢；温度过高，超过 90℃，$H_2C_2O_4$ 容易分解，结果偏高。

$$H_2C_2O_4 = CO_2\uparrow + CO\uparrow + H_2O$$

(2)反应要在酸性条件下进行，酸性条件下的 $KMnO_4$ 的氧化能力较强，因此要控制适宜的酸度。滴定初始时，$c(H_2SO_4) = 0.5 \sim 1.0\ mol \cdot L^{-1}$，滴定结束时应在 $0.2 \sim 0.5\ mol \cdot L^{-1}$ 为宜。酸度过高 $H_2C_2O_4$ 分解，酸度过低，产生 MnO_2沉淀。

(3)滴定开始时，反应很慢，故滴定速度不宜太快，$KMnO_4$ 溶液必须逐滴加入。否则部分 $KMnO_4$ 在热的酸性溶液中分解。

$$4KMnO_4 + 2H_2SO_4 = 4MnO_2 + 2K_2SO_4 + 2H_2O + 3O_2\uparrow$$

【仪器和试剂】

分析天平(0.000 1 g/分度)，烧杯(500 mL)，酸式滴定管(50 mL)，锥形瓶(250 mL)，量筒(10 mL)，细口试剂瓶(1 000 mL)，玻璃表面皿，洗瓶，电炉。

$KMnO_4$(AR)，$Na_2C_2O_4$ 基准物(AR，经 105℃干燥 2 h)，H_2SO_4(3 mol·L^{-1})。

【实验步骤】

1. 0.02 mol·L^{-1} $KMnO_4$ 溶液的配制

用电子天平(0.01 g/分度)称取多于计算量 10%的 $KMnO_4$ 置于 500 mL 烧杯中，加入蒸馏水 400 mL，盖上表面皿在电炉上加热至微沸，保持 5 min 左右。冷却后，转入棕色试剂瓶中，置于暗处，放置 1 周。微孔玻璃砂芯漏斗过滤，摇匀后待标定。

2. $KMnO_4$ 溶液的标定

在分析天平上(0.000 1 g/分度)，准确称取经烘干的 $Na_2C_2O_4$ 固体 0.2 g 3 份，分别置于锥形瓶中，各加入约 30 mL 蒸馏水，使之溶解，再加 10 mL 3 mol·L^{-1} H_2SO_4 溶液，加热至 75～85℃，此时锥形瓶口内开始冒气(不能加热至沸腾)。趁热用待标定 $KMnO_4$ 溶液滴定。开始滴定速度要慢，即第一滴加入后，应待溶液褪色后继续滴加第 2 滴。随着反应加快，逐渐加快滴定速度，将近终点时应逐滴或半滴加入，至溶液呈粉红色即为终点。注意：此时溶液的温度不要低于 50～60℃。记下此时 $KMnO_4$ 的体积，平行标定 3 次。要求 3 次平均标定结果的相对极差不大于 0.3%。

【实验数据处理及讨论】

高锰酸钾溶液的标定

项目	编号		
	Ⅰ	Ⅱ	Ⅲ
$m(NaC_2O_4)$/g			
$V(KMnO_4)$终读数/mL			
$V(KMnO_4)$初读数/mL			
$V(KMnO_4)$/mL			
$c(KMnO_4)$/(moL·L^{-1})			
$\bar{c}(KMnO_4)$/(moL·L^{-1})			
相对极差			

【实验说明】

1. 由于 $KMnO_4$ 溶液颜色较深，不易观察溶液的凹液面的最低点，因此要从液面最高边缘处读数。

2. 反应溶液的温度，不能用温度计去测量，而应根据经验，加热至瓶口开始冒气时即可。

【思考题】

1. 配制 $KMnO_4$ 标准溶液时，为什么要将 $KMnO_4$ 的水溶液煮沸并放置数天？

2. 配制好的 $KMnO_4$ 溶液为什么要装在棕色试剂瓶中并放置暗处保存？为什么用玻璃砂芯漏斗过滤？

3. 用 $Na_2C_2O_4$ 标定 $KMnO_4$ 溶液的浓度时，为什么要加 H_2SO_4？加 HNO_3 或 HCl 可以吗？酸度过高或过低有无影响？为什么要加热到 75～85℃后才能进行滴定？溶液温度过高或过低有何影响？

4. 用 $Na_2C_2O_4$ 基准物标定 $KMnO_4$ 溶液时应注意哪些反应条件？

5. 为什么第一滴 $KMnO_4$ 溶液加入后红色褪去很慢，以后褪色较快？

实验 15 高锰酸钾法测定双氧水中过氧化氢的含量

【实验目的】

1. 通过实验掌握 $KMnO_4$ 法测定 H_2O_2 的方法及原理。

2. 了解 H_2O_2 的应用。

【实验原理】

H_2O_2 在工业、生物、医药等方面应用很广泛。在医药食品加工等方面用作消毒、杀菌剂。在生物化学中常利用测定 H_2O_2 的方法间接测定过氧化氢酶的含量。由于 H_2O_2 有着广泛的应用，常需要测定它的含量。

$KMnO_4$ 在酸性溶液中的氧化性比 H_2O_2 的氧化性强。在稀硫酸溶液中，H_2O_2 在室温条件下能够定量还原高锰酸盐，因此可用高锰酸钾法测定 H_2O_2 的含量，反应为：

$$2MnO_4^- + 5H_2O_2 + 6H^+ = 2Mn^{2+} + 5O_2\uparrow + 8H_2O$$

市售 H_2O_2 含量在 30% 左右，浓度过大又极不稳定，需稀释后才能滴定。如 H_2O_2 试样是工业产品，因产品常含有少量的乙酰苯胺等有机物作稳定剂，这些有

机物也消耗 $KMnO_4$ 引起误差，此时可采用碘量法或铈量法进行测定。

$$\rho(H_2O_2)=\frac{5c(KMnO_4)V(KMnO_4)M(H_2O_2)}{2V(H_2O_2)}$$

【仪器和试剂】

酸式滴定管(50 mL)，锥形瓶(250 mL)，量筒(10 mL)，移液管(25 mL)。

$KMnO_4$ 标准溶液，H_2SO_4(3 mol·L^{-1})，H_2O_2 试样。

【实验步骤】

用移液管量取 25.00 mL 待测试液于锥形瓶中，加入 10 mL 3 mol·L^{-1} H_2SO_4 溶液，立即用 $KMnO_4$ 标准溶液滴定，开始滴定要慢，待第 1 滴 $KMnO_4$ 溶液完全褪色后，再滴加第 2 滴。随着反应加快，可逐渐加快滴定速度。终点时溶液应呈粉红色。平行测定后，计算 H_2O_2 试样的质量浓度 $\rho(H_2O_2)$(g·L^{-1})。3 次平行测定相对极差不得大于 0.3%。

【实验数据处理及讨论】

高锰酸钾法测定双氧水含量

项目	编号		
	Ⅰ	Ⅱ	Ⅲ
$c(KMnO_4)/(mol\cdot L^{-1})$			
$V(H_2O_2)/mL$			
$V(KMnO_4)$初读数/mL			
$V(KMnO_4)$终读数/mL			
$V(KMnO_4)/mL$			
$\rho(H_2O_2)/(g\cdot L^{-1})$			
$\bar{\rho}(H_2O_2)/(g\cdot L^{-1})$			
相对极差			

【实验说明】

1. 开始速度要慢，待第一滴 $KMnO_4$ 溶液完全褪色后，溶液中生成 Mn^{2+}，由于自催化作用反应速度加快，再滴入第二滴，随着反应速率的加快，可逐渐加快滴定速度。

2. 测定反应在室温下进行，温度过高，H_2O_2 会分解。

3. 如要加快开始的反应速度，也可以加入 2 滴 0.1 moL·L^{-1} $MnSO_4$ 溶液作为催化剂。

【思考题】

1. 本实验能否用 HNO_3、HCl 或 HAc 来控制溶液的酸度？

2. 在实验中如何控制滴定速度？

3. 本实验的指示剂是何物质？

实验16　重铬酸钾法测定铁矿石中的铁含量(无汞测铁)

【实验目的】

1. 掌握重铬酸钾标准溶液的配制方法。

2. 了解矿样的分解和试液的预处理过程。

3. 掌握测定铁矿石中铁含量的氧化还原滴定法。

【实验原理】

自然界中铁矿石主要有磁铁矿(Fe_3O_4)、赤铁矿(Fe_2O_3)、菱铁矿($FeCO_3$)和褐铁矿($Fe_2O_3 \cdot nH_2O$)等。重铬酸钾法测定铁矿石中的铁含量通常为 $SnCl_2$-$HgCl_2$-$K_2Cr_2O_7$ 法和 $SnCl_2$-$TiCl_3$-$K_2Cr_2O_7$ 法。前者为有汞测铁，后者为无汞测铁。

其中 $SnCl_2$-$HgCl_2$-$K_2Cr_2O_7$ 法是将样品用盐酸分解之后，用 $SnCl_2$ 将 Fe^{3+} 还原为 Fe^{2+}，过量的 $SnCl_2$ 用 $HgCl_2$ 氧化除去(溶液中有白色丝状氯化亚汞沉淀生成)。然后在硫磷混酸介质中，以二苯胺磺酸钠为指示剂，用 $K_2Cr_2O_7$ 标准溶液滴定至溶液呈现紫红色，即为终点。此方法简单、快捷、准确度高，但实验中大量汞的排放，对环境造成严重污染，影响人们的身体健康。所以目前多采用改进的 $SnCl_2$-$TiCl_3$-$K_2Cr_2O_7$ 法。因为 Ti^{4+} 在浓度很高时水解明显，而 $SnCl_2$ 和 Na_2WO_4 反应速率太慢，所以反应中 $SnCl_2$ 和 $TiCl_3$ 作为还原剂不宜单独使用。

铁矿石样品用热的盐酸分解：

$$Fe_2O_3 + 6H^+ = 2Fe^{3+} + 3H_2O$$

之后，用 $SnCl_2$ 将大部分 Fe^{3+} 还原为 Fe^{2+}，溶液由红棕色变为浅黄色，

$$2Fe^{3+} + Sn^{2+} = 2Fe^{2+} + Sn^{4+}$$

再以 Na_2WO_4 作为指示剂，用 $TiCl_3$ 还原剩余的 Fe^{3+}，当 Fe^{3+} 被定量还原为 Fe^{2+} 之后，过量加入 1～2 滴 $TiCl_3$ 溶液，可使溶液中的 Na_2WO_4 还原为蓝色的五价钨化合物，俗称“钨蓝”，所以指示剂呈蓝色。再滴入 $K_2Cr_2O_7$ 标准溶液，使过量的 $TiCl_3$ 氧化，蓝色刚好褪色，从而消除还原剂的影响。

$$Fe^{3+} + Ti^{3+} + H_2O = Fe^{2+} + TiO^{2+} + 2H^+$$

在硫磷混酸的介质中，以二苯胺磺酸钠为指示剂，用重铬酸钾标准溶液滴定至溶液呈现紫红色，即为终点。

$$6Fe^{2+} + Cr_2O_7{}^{2-} + 14H^+ = 6Fe^{3+} + 2Cr^{3+} + 7H_2O$$

铁矿石中铁含量的计算如下：

$$\omega(\mathrm{Fe}) = \frac{6c(K_2Cr_2O_7) \cdot V(K_2Cr_2O_7) \cdot M(\mathrm{Fe})}{m(\text{样品})}$$

【仪器与试剂】

酸式滴定管(50 mL)，容量瓶(250 mL)，锥形瓶(250 mL)，小烧杯，表面皿，分析天平(0.000 1 g/分度)，量筒(50 mL)等。

$K_2Cr_2O_7$(AR)，HCl(6 $mol \cdot L^{-1}$)，铁矿石试样，H_2SO_4-H_3PO_4 混酸，$SnCl_2$ 溶液(10%)，$TiCl_3$(1.5%)，Na_2WO_4(10%)，二苯胺磺酸钠指示剂(0.5%)，$KMnO_4$(0.02 $mol \cdot L^{-1}$)。

【实验步骤】

1. 配制 0.02 $mol \cdot L^{-1}$ $K_2Cr_2O_7$ 标准溶液

用分析天平(0.000 1 g/分度)称取已于 150℃ 烘干 1 h 的 1.2～1.5 g $K_2Cr_2O_7$ 基准试剂，置于 100 mL 烧杯中，加 50 mL 蒸馏水，稍微加热使其溶解。冷却后，将溶液转移至 250 mL 容量瓶，并用少量蒸馏水冲洗烧杯 3 次，冲洗的溶液一并转移至容量瓶中，加水稀释定容至刻度，摇匀，计算其准确浓度，备用。

2. 样品分解与还原

用分析天平(0.000 1 g/分度)准确称量铁矿石样品 0.2 g，置于 250 mL 锥形瓶中，加少量蒸馏水润湿，加入 25 mL 的 6 $mol \cdot L^{-1}$ HCl 溶液，盖上表面皿，在电炉上缓慢加热溶液近沸，使铁矿分解完全，溶液呈红棕色。用少量水冲洗表面皿及锥形瓶内壁，加热至沸。

趁热逐滴滴加 10% $SnCl_2$ 溶液，边滴加边摇动至溶液由红棕色变为浅黄色。

如果 $SnCl_2$ 溶液滴加过量，溶液则变成无色，此时应滴加 $KMnO_4$ 溶液至溶液重新呈浅黄色。加入 40 mL 蒸馏水及 10 滴 10% Na_2WO_4 溶液，逐滴滴加 1.5% $TiCl_3$ 溶液，并不断摇动，直至溶液出现稳定的蓝色，再多加 1 滴。控制溶液温度在 40℃左右，若太高可用自来水冷却。然后，向溶液中慢慢滴加 $K_2Cr_2O_7$ 标准溶液至蓝色刚刚消失(溶液呈浅绿色或者接近无色)。

3. 滴定

向试液中加入 10 mL H_2SO_4-H_3PO_4 混酸，2 滴 0.5% 二苯胺磺酸钠指示剂及 50 mL 蒸馏水，迅速用 $K_2Cr_2O_7$ 标准溶液滴定至溶液呈紫色即为终点。平行滴定 3 份以上，相对极差应小于 0.3%。

【实验数据处理及讨论】

重铬酸钾法测定铁矿石中的铁含量

项目	Ⅰ	Ⅱ	Ⅲ
$K_2Cr_2O_7$ 的质量/g			
$c(K_2Cr_2O_7)/(mol \cdot L^{-1})$			
m(样品)/g			
$V(K_2Cr_2O_7)$初读数/mL			
$V(K_2Cr_2O_7)$终读数/mL			
$V(K_2Cr_2O_7)$/mL			
$\omega(Fe)/\%$			
$\bar{\omega}(Fe)/\%$			
相对极差			

【实验说明】

1. 样品分解过程中，温度太低可能导致样品溶解不完全；温度太高会导致三氯化铁挥发或溶液的溅出，进而增加实验误差。

2. 样品的氧化、还原和滴定时溶液的温度须控制在 40℃左右，温度不可过高。

3. 在硫磷混酸介质中 Fe^{2+} 易被氧化，平行测定时应还原一份滴定一份，并且应立即滴定、滴定过程也不能太慢。

4. 加入 $SnCl_2$ 溶液不可过量，否则会使结果偏高。

【思考题】

1. $K_2Cr_2O_7$ 标准溶液为什么可以直接配制使用？

2. 实验中加入的硫磷混酸有什么作用？

3. 实验中试液被还原后，为何要立即滴定？

实验 17　硫代硫酸钠标准溶液的配制与标定

【实验目的】

1. 理解碘量法的原理及反应条件。

2. 学会硫代硫酸钠标准溶液的配制与标定方法。

3. 掌握碘量法的基本操作技术。

【实验原理】

碘量法是基于 I_2 的氧化性及 I^- 的还原性进行滴定的氧化还原滴定法。由于 I_2 的氧化性较弱，通常采用间接碘量法。

$$2I^- = I_2 + 2e^-$$

$$I_2 + 2S_2O_3^{2-} = S_4O_6^{2-} + 2I^-$$

$Na_2S_2O_3$ 溶液是间接碘量法实验使用的标准溶液，其在中性或弱碱性溶液中较稳定，在酸性溶液中不稳定。市售的固体硫代硫酸钠（$Na_2S_2O_3 \cdot 5H_2O$）容易风化潮解，含有少量杂质，如 S^{2-}、SO_3^{2-}、S、CO_3^{2-} 及 Cl^- 等，因此 $Na_2S_2O_3$ 标准溶液需要先配制成近似浓度的溶液，再进行标定。

$Na_2S_2O_3$ 溶液易受空气中的 O_2 及水中 CO_2、微生物等的作用而分解。

$$Na_2S_2O_3 + CO_2 + H_2O = NaHCO_3 + NaHSO_3 + S\downarrow$$

$$2Na_2S_2O_3 + O_2 = 2Na_2SO_4 + 2S\downarrow$$

$$Na_2S_2O_3 \xrightarrow{\text{微生物}} Na_2SO_3 + S\downarrow$$

为了减少溶液中的 CO_2 和杀死水中的微生物，应用新鲜煮沸并冷却至室温的蒸馏水配制溶液，并加入少量 Na_2CO_3（浓度为 0.02%），以防止 $Na_2S_2O_3$ 分解。

日光能促进 $Na_2S_2O_3$ 溶液分解，所以 $Na_2S_2O_3$ 溶液应贮存在棕色瓶中，放置暗处数日后，待 $Na_2S_2O_3$ 溶液稳定了再标定。长期使用的溶液，应定期标定。

通常用 $K_2Cr_2O_7$ 作基准物质标定 $Na_2S_2O_3$ 溶液的浓度。在酸性介质中，$K_2Cr_2O_7$ 与过量 I^- 反应生成 I_2：

$$Cr_2O_7^{2-}+6I^-+14H^+=2Cr^{3+}+3I_2+7H_2O$$

在弱酸性或中性条件下，$S_2O_3^{2-}$ 与 I_2 发生定量反应生成 $S_4O_6^{2-}$。根据以上原理，以淀粉为指示剂，采用 $K_2Cr_2O_7$ 作基准物质，用配制的 $Na_2S_2O_3$ 溶液滴定至溶液蓝色恰好消失而呈现透明绿色，即为终点。

$$c(Na_2S_2O_3)=\frac{6\,m(K_2Cr_2O_7)}{M(K_2Cr_2O_7)V(Na_2S_2O_3)}$$

【仪器和试剂】

分析天平(0.01 g/分度，0.000 1 g/分度)，容量瓶(250 mL)，移液管(25 mL)，碱式滴定管(50 mL)，碘量瓶(250 mL)，烧杯(500 mL、100 mL)。

$Na_2S_2O_3\cdot 5H_2O$(AR)，Na_2CO_3(AR)，$K_2Cr_2O_7$(AR，110～130℃干燥至恒重)，KI(10%)，H_2SO_4(3 mol·L^{-1})，淀粉指示剂(0.2%)。

【实验步骤】

1. 0.1 mol·L^{-1} $Na_2S_2O_3$ 标准溶液的配制

称取适量 $Na_2S_2O_3\cdot 5H_2O$ 于 500 mL 烧杯中，加入约 50 mL 新鲜煮沸并冷却至室温的蒸馏水与少量的固体 Na_2CO_3 使其溶解，稀释至 500 mL，贮于棕色瓶中，在暗处放置一段时间后再标定。

2. 0.02 mol·L^{-1} $K_2Cr_2O_7$ 标准溶液的配制

根据所配溶液的浓度和体积，精确称取一定量的固体 $K_2Cr_2O_7$ 于 100 mL 烧杯中，加少量蒸馏水溶解，转移至 250 mL 容量瓶中，定容，根据 $K_2Cr_2O_7$ 称量质量计算其准确浓度。

3. $Na_2S_2O_3$ 标准溶液的标定

移取 25.00 mL $K_2Cr_2O_7$ 标准溶液于碘量瓶中，加入 10 mL 3 mol·L^{-1} H_2SO_4 溶液及 20 mL 10% KI 溶液，加盖摇匀，水封，于暗处反应 5 min 后，加水稀释至 100 mL，立即用 $Na_2S_2O_3$ 标准溶液滴定，使溶液由红棕色变至浅黄色，加入淀粉指示剂 5 mL，继续滴定至蓝色刚好消失，溶液变为绿色为止。平行测定 3 份，计算 $Na_2S_2O_3$ 标准溶液的浓度，结果的相对极差不得大于 0.3%。

【实验数据处理及讨论】

$Na_2S_2O_3$ 标准溶液的标定

项目	编号		
	Ⅰ	Ⅱ	Ⅲ
$c(K_2Cr_2O_7)/(mol \cdot L^{-1})$			
$V(K_2Cr_2O_7)/mL$			
$V(Na_2S_2O_3)$初读数/mL			
$V(Na_2S_2O_3)$终读数/mL			
$V(Na_2S_2O_3)/mL$			
$c(Na_2S_2O_3)/(mol \cdot L^{-1})$			
$\bar{c}(Na_2S_2O_3)/(mol \cdot L^{-1})$			
相对极差			

【实验说明】

1. 为防止 I^- 被空气氧化，反应应在具塞的碘量瓶中进行。须水封瓶口，并在暗处放置，减少光照的影响。

2. 为防止 I_2 的挥发，溶液中需加入过量的 KI 溶液。

3. 在强酸性介质中，$Na_2S_2O_3$ 会分解，且 I^- 易被空气氧化。故用 $Na_2S_2O_3$ 滴定 I_2 时，滴定前要加水稀释溶液至弱酸性。

4. 本实验滴定过程中不可剧烈摇动碘量瓶，以防止 I^- 被空气氧化。滴定速度可以适当快些。

5. 当溶液中有大量的 I_3^- 存在时，淀粉易发生聚合并吸附 I_2，生成不易解析的蓝色复合物，因此，淀粉指示剂应在溶液中 I_3^- 很少时再加入。加入淀粉后要慢滴快摇。

【思考题】

1. 配制 $Na_2S_2O_3$ 溶液时为什么用新煮沸的纯水？

2. 本实验加少量的固体 Na_2CO_3 的目的是什么？

3. 用 $K_2Cr_2O_7$ 标定 $Na_2S_2O_3$ 溶液时，为什么要稀释溶液？

4. 实验过程中，防止 I^- 被氧化有哪些措施？

5. 实验过程中对滴定操作有什么要求？

实验 18 胆矾中铜含量的测定

【实验目的】

1. 巩固理解碘量法实验对实验条件的要求。

2. 掌握间接碘量法测定胆矾中铜含量的基本原理和实验技术。

【实验原理】

胆矾是配制农药波尔多液的原料，杀菌的主要成分是 Cu^{2+}。I_2 是较弱的氧化剂，只能与一些较强的还原性物质反应，而 I^- 是中等强度的还原剂，能与多种氧化剂发生定量反应，生成一定量的 I_2，以 $Na_2S_2O_3$ 标准溶液滴定，从而可以间接地测定氧化性物质。胆矾中铜含量的测定即采用间接碘量法。

在弱酸性的条件下（pH 为 3～4），含 Cu^{2+} 的溶液中加入过量的 KI，可生成难溶的 CuI，并定量的析出 I_2。

$$2Cu^{2+} + 4I^- = 2CuI\downarrow + I_2 \quad (1)$$

以淀粉为指示剂，反应析出的 I_2 用 $Na_2S_2O_3$ 标准溶液滴定至溶液的蓝色恰好消失，即为终点，从而间接测得铜的含量。

$$I_2 + 2S_2O_3{}^{2-} = 2I^- + S_4O_6^{2-} \quad (2)$$

间接碘量法的实验条件：

(1)反应中加入过量的 KI。由反应(1)可以看出，I^- 不仅是还原剂和配位剂，更重要的是 Cu^{2+} 的沉淀剂。

(2)反应中维持适宜的酸度。为防止 Cu^{2+} 的水解，反应在 pH 为 3～4 的溶液中进行。酸性过强，I^- 在 Cu^{2+} 的催化下易被空气中的 O_2 氧化。

(3)由于 CuI 溶解度较大，沉淀表面会吸附一些 I_2，使滴定终点提前，测定结果偏低，因此在接近化学计量点时，加入少量 KSCN，使 CuI 沉淀转化成溶解度更小的 CuSCN，并使被吸附的 I_2 从沉淀表面置换出来，从而减小实验误差。若过早加入 KSCN，SCN^- 会将 I_2 还原为 I^-。

$$I_2 + 2SCN^- = (SCN)_2 + 2I^-$$

如果样品中含有铁，Fe^{3+} 也可与 KI 作用析出 I_2，使结果偏高，可加入 NH_4HF_2 进行掩蔽。

$$2Fe^{3+}+2I^{-}=2Fe^{2+}+I_2$$

$$\omega(Cu)=\frac{c(Na_2S_2O_3)V(Na_2S_2O_3)M(Cu)}{m(样品)}$$

【仪器及试剂】

酸式滴定管(50 mL),移液管(25 mL),碘量瓶(250 mL),量筒(5 mL、10 mL、20 mL)。

$Na_2S_2O_3$ 标准溶液,KI(10%),HAc($6mol\cdot L^{-1}$),淀粉指示剂(0.2%),KSCN(10%)。

【实验步骤】

准确称取胆矾样品 0.6～0.7 g,加入 5 mL 6 $mol\cdot L^{-1}$ HAc,50 mL 蒸馏水溶解,再加入 10 mL KI(10%)溶液,立即用 $Na_2S_2O_3$ 标准溶液滴定。待溶液由黄褐色变为浅黄色,加入 5 mL 淀粉指示剂,继续滴定至溶液呈浅蓝色,再加入 10 mL KSCN(10%)溶液,充分摇匀后继续滴定至蓝色刚好消失即为终点。平行测定 3 份,计算样品中铜的质量分数,结果的相对极差不得大于 0.3%。

【实验数据处理及讨论】

胆矾中铜含量的测定

项目	编号		
	Ⅰ	Ⅱ	Ⅲ
$c(Na_2S_2O_3)/(mol\cdot L^{-1})$			
m(样品)/g			
$V(Na_2S_2O_3)$初读数/mL			
$V(Na_2S_2O_3)$终读数/mL			
$V(Na_2S_2O_3)$/mL			
$\omega(Cu^{2+})$			
$\bar{\omega}(Cu^{2+})$			
相对极差			

【实验说明】

1. 滴定到终点时,由于溶液中有沉淀,是悬浊液,干扰终点颜色的辨别,只要观察到溶液蓝色消失即可。

2. 溶液中有 I_2 生成之后，应立即用 $Na_2S_2O_3$ 标准溶液滴定，滴定速度可以适当快些，在加入 KSCN 之前不能剧烈摇动溶液。

3. KSCN 不能太早加入，加入后要剧烈摇动锥形瓶。

【思考题】

1. 本实验滴定需要用碘量瓶吗？为什么？
2. 测定铜含量的实验中 KI 的作用是什么？
3. 测定铜含量时酸度控制在什么条件？通常用什么溶液控制？为什么？
4. 滴定到终点后，静置几分钟，溶液又会出现蓝色，为什么？

实验 19 可溶性钡盐中钡含量的测定(重量法)

【实验目的】

1. 掌握沉淀重量法测定钡盐中钡含量的原理和方法。
2. 掌握重量分析法的基本实验技术。

【实验原理】

重量分析法通常是在一定的条件下使被测组分与样品中其他组分分离后，用称量的方法称出该组分某一特定的称量形式的质量，然后通过化学计量关系计算出被测组分的含量。沉淀重量法是重量分析法的一种形式，是利用沉淀反应使待测组分以难溶化合物的形式沉淀出来。

$BaSO_4$ 性质稳定，组成与化学式相符，而且溶解度很小(25℃时，100 g 水中溶解 0.25 mg)，因此测定可溶性钡盐中钡含量时，常以 $BaSO_4$ 为沉淀形式。

将待测钡盐用水溶解后，加稀 HCl 溶液酸化，加热至微沸，在不断搅拌的条件下慢慢地滴加稀、热的 H_2SO_4 溶液，Ba^{2+} 与 SO_4^{2-} 反应，生成 $BaSO_4$ 晶形沉淀。沉淀经陈化、过滤、洗涤、烘干、炭化、灼烧后，以 $BaSO_4$ 形式称量，即可计算出钡盐中钡的含量。

实验以 HCl 为介质的目的是为了防止生成 $BaCO_3$、$BaHPO_4$ 沉淀及防止生成 $Ba(OH)_2$ 共沉淀。以稀 H_2SO_4 作为沉淀剂时，为了使沉淀完全，沉淀剂用量通常过量 50%～100%，既可以减小 $BaSO_4$ 的溶解度，过量的硫酸在高温下可挥发除去，也不会引起实验误差。

为了获得较好的晶型沉淀，在沉淀过程中应遵循“稀”“热”“慢”“搅”“陈”的操作原则，严格控制沉淀条件，减少共沉淀现象。

$$\omega(Ba)=\frac{m(BaSO_4)\times M(Ba)}{M(BaSO_4)\times m(样品)}$$

【仪器与试剂】

分析天平(0.000 1 g/分度),瓷坩埚(30 mL),烧杯(100 mL、250 mL、500 mL),量筒(5 mL、100 mL),坩埚钳,定量滤纸(慢速),干燥器,玻璃漏斗,漏斗架,表面皿,水浴锅,马弗炉,石棉手套等。

HCl(2 $mol\cdot L^{-1}$),$BaCl_2\cdot 2H_2O$(AR),$AgNO_3$(0.1 $mol\cdot L^{-1}$),H_2SO_4(1 $mol\cdot L^{-1}$),HNO_3(2 $mol\cdot L^{-1}$)。

【实验步骤】

1. 沉淀的制备

准确称取两份 $BaCl_2\cdot 2H_2O$,每份 0.4～0.6 g,分别置于 250 mL 洁净的烧杯中,加入 70 mL 蒸馏水溶解,再加入 3 mL 2 $mol\cdot L^{-1}$ HCl 溶液,搅拌均匀,盖上表面皿在水浴上加热至 90℃。

另取 4 mL 1 $mol\cdot L^{-1}$ H_2SO_4 两份,置于两个 100 mL 烧杯中,加蒸馏水稀释至 50 mL,加热近沸。然后在不断搅拌下,趁热用长滴管将两份热的 H_2SO_4 溶液分别逐滴加到钡盐溶液中,并且不断地用玻璃棒搅拌。静置,待沉淀沉降后,在上层清液中加入 2 滴沉淀剂,检查沉淀是否完全,如果溶液浑浊,应再补加沉淀剂。待沉淀完全后,盖上表面皿,注意不要把玻璃棒从烧杯中拿出,放置过夜陈化,或放置在电热板上,保温 1 h,陈化完全后取出自然冷却。

2. 空坩埚的恒重

将坩埚洗净、烘干、编号,放在 800～850℃ 马弗炉中灼烧。第一次灼烧 40 min,取出放置在石棉网上约 30 s 后,移至干燥器中,不要立刻将干燥器的盖子盖严,留一缝隙,1 min 后将盖子盖严。待在干燥器中冷却 30 min 后称量。然后第二次灼烧 20 min,取出后和上次相同操作称量。若两次称量质量之差不超过 0.3 mg,则认为坩埚已经恒重,否则继续灼烧处理直至坩埚恒重。

3. 沉淀的过滤、洗涤

采用倾泻法用慢速定量滤纸过滤。先将上层清液倾注到滤纸中,再用 1 mL 稀 H_2SO_4(约 0.01 $mol\cdot L^{-1}$)洗涤沉淀 3 次,每次约 10～15 mL。第 4 次加入洗涤剂后,将沉淀搅匀形成悬浊液,将其小心地转移到滤纸上,用保存备用的滤纸角擦烧杯内壁及玻璃棒,并将此小片滤纸放于漏斗中,继续用洗瓶冲洗烧杯内壁 5～6 次(见第 3 章 3.2,3.3),洗涤后的液体转移到漏斗中,再洗涤沉淀,直至沉淀洗涤中无 Cl^- 离子。

4. 沉淀的灼烧和恒重

将沉淀用滤纸包好，放入恒重的坩埚中，经烘干、炭化、灰化至沉淀呈白色后，在800～850℃的马弗炉烧至恒重，灼烧和冷却处理条件与空坩埚的恒重一致。计算样品中Ba^{2+}的含量。

【实验数据处理及讨论】

可溶性钡盐中钡含量测定

实验项目		坩埚编号	
		1号	2号
m（样品）/g			
灼烧后空坩埚质量/g	第一次		
	第二次		
	第三次		
空坩埚质量平均值/g			
灼烧后（$BaSO_4$＋坩埚）质量/g	第一次		
	第二次		
	第三次		
灼烧后（$BaSO_4$＋坩埚）质量平均值/g			
$m(BaSO_4)$/g			
ω(Ba)			
$\bar{\omega}$(Ba)			
相对极差			

【实验说明】

1. 在恒重过程中要保持各种操作条件的一致性，包括坩埚在干燥器中冷却的时间、干燥器放置的环境、坩埚称量的时间。

2. 称量样品和恒重坩埚必须使用同一台天平。

3. 在进行炭化的过程中，将坩埚盖放置在坩埚边，一旦滤纸包着火，立即盖灭。充分灰化后再放入马弗炉。

【思考题】

1. 如何判断坩埚灼烧至恒重？

2. 沉淀时加入 HCl 的目的是什么？

3. 怎样检验滤液中 Cl^- 已经洗涤干净？

4. 用 $BaSO_4$ 重量法即可以测定 Ba^{2+} 的含量，又可以测定 $SO_4{}^{2-}$ 的含量，使用的沉淀剂过量的程度一样吗？为什么？

5. 欲获得晶形沉淀，实验条件如何控制？

实验 20　水体中微量铁的测定

【实验目的】

1. 掌握磺基水杨酸法和邻二氮菲法测定微量铁的原理。
2. 学习如何选择分光光度分析的实验条件。
3. 学习如何通过测定溶液的吸光度求算样品的浓度。
4. 了解可见分光光度计的结构及工作原理。
5. 正确地掌握可见分光光度计的使用方法。

【实验背景】

铁是人体含量最高的微量元素，是构成血红蛋白、肌红蛋白、细胞色素及某些呼吸酶不可或缺的原料，参与运输氧、储存氧和电子传递等多种生理功能，长期供铁不足会导致人体缺铁性贫血，免疫功能下降，它虽然是无毒元素，但铁含量过多会使得体内氧自由基的生成增加，造成超氧化损害。过量的铁在失控条件下会引起细胞成分的明显损伤，导致组织炎症和多器官的纤维化。慢性铁中毒还会对肝脏造成损害。在工业循环水系统中，尤其是锅炉用水，水体中过量铁元素会腐蚀管道，使其机械强度下降，管壁粗糙，水流阻力增大，对安全生产带来严重的影响。水体中铁含量高还会产生一些特殊的气味，洗过的衣服上有黄斑。现在国家规定生活饮用水中铁的含量不高于 0.3 $mg \cdot L^{-1}$。因此检测水体中微量铁的含量对与人体的健康和工业生产有重要的意义。

目前常见铁含量的检测方法有以下几种：当样品中铁含量较高时用常量分析—氧化还原滴定法，当样品中铁含量低时有可见分光光度法（磺基水杨酸法、邻二氮菲法）、原子吸收光度法（石墨、火焰）、荧光光度分析法和催化动力学法。不同方法之间微量元素的检出限不同。磺基水杨酸分光光度法适用范围 0.05～10 $mg \cdot L^{-1}$，邻二氮菲分光光度法使用范围 5～200 $\mu g \cdot L^{-1}$。下面主要介绍可见光分光光度法测定微量铁。

方法一　磺基水杨酸法测铁

【实验原理】

可见光分光光度法定量测定的理论基础是光吸收定律。当一束平行单色光垂直照射并通过某一均匀非散射的吸光物质时，其吸光度 A 与吸光物质的浓度 c 及吸收层厚度 b 成正比。

$$A=\varepsilon bc$$

如果液层厚度用 cm 为单位，溶液浓度用 $mol \cdot L^{-1}$ 为单位，吸光系数常用 ε 表示，称为摩尔吸收系数，单位为 $L \cdot mol^{-1} \cdot cm^{-1}$。一般 ε 越大，物质对光的吸收越强。

可见光区测定无色物质时，必须向溶液中加入显色剂，使无色被测物转变为有色物质。磺基水杨酸是吸光光度法测定铁的有机显色剂，它与 Fe^{3+} 可以形成稳定的配合物，因溶液 pH 的不同，形成配合物的组成也不同。可生成 1∶1 配比的紫色配合物、1∶2 配比的橙色配合物和 1∶3 配比的黄色配合物。在 pH 为 9.0～11.5 的 NH_3-NH_4Cl 溶液中，Fe^{3+} 与磺基水杨酸反应生成的 1∶3 配比的黄色配合物很稳定，在 420 nm 处 $\varepsilon=5.8\times10^3\ L \cdot mol^{-1} \cdot cm^{-1}$，干扰离子少，试剂用量和溶液的酸碱度略有改变对其都无影响。由于 Fe^{2+} 在碱性溶液中易被氧化，所以本法所测定的铁实际上是溶液中铁的总含量。

【仪器与试剂】

722N 型分光光度计，容量瓶（50 mL、250 mL），吸量管（5 mL）。

铁标准储备液（0.100 $mg \cdot mL^{-1}$）：准确称取 0.863 4 g 分析纯硫酸铁铵 $NH_4Fe(SO_4)_2 \cdot 12H_2O$，置于烧杯中，加入少量蒸馏水，再加入 20 mL 6 $mol \cdot L^{-1}$ HCl 溶解后，转入 1 L 容量瓶中，加水稀释至刻度，充分摇匀。

NH_4Cl（10%），磺基水杨酸（10%），氨水（1∶10）。

【实验步骤】

1. 标准溶液的配制

取 6 只 50 mL 容量瓶，依次编号 1～6，用吸量管分别加入铁标准储备液（0.100 $mg \cdot mL^{-1}$）0.00 mL、1.00 mL、2.00 mL、3.00 mL、4.00 mL、5.00 mL，各容量瓶中分别加 4 mL 10% NH_4Cl 溶液和 2.00 mL 10%磺基水杨酸溶液，滴加 1∶10 氨水直到溶液变黄色后，再多加 4 mL，加水稀释至刻度，摇匀，备用。

2. 绘制吸收曲线

取上述所配的 4 号溶液，用 1 cm 比色皿，以 1 号溶液为参比溶液，在不同波长下测量相应的吸光度(从 400～500 nm 每隔 10 nm 测量 1 次吸光度，在 400～450 nm 范围内，每间隔 5 nm 测量 1 次)，然后在坐标纸上以波长为横坐标，吸光度为纵坐标，绘制吸收曲线，从曲线上获得进行定量分析的适宜波长。

3. 标准曲线的绘制

在选定的波长下(420 nm)，以 1 号试剂空白作参比溶液，用 1 cm 比色皿依次测出各标准溶液的吸光度。以吸光度为纵坐标，铁含量为横坐标，绘制工作曲线。

4. 试液中铁含量的测定

分别准确吸取待测试液 3.00 mL 于两个 50 mL 容量瓶中，在与标准溶液相同条件，按相同方法显色，测量其吸光度。从工作曲线中查得相应的铁含量，计算原试液中铁的含量。

【实验数据处理与讨论】

1. 绘制吸收曲线

λ/nm												
A												

确定最大吸收波长 λ_{max} = ________。

2. 绘制标准工作曲线，求出未知溶液中铁的含量

编号	标 1	标 2	标 3	标 4	标 5	标 6	试 1	试 2
加铁标液及试液体积/mL	0.00	1.00	2.00	3.00	4.00	5.00	3.00	3.00
ρ(Fe)/(mg · mL^{-1})								
吸光度 A								

根据数据记录绘制工作曲线，从工作曲线上查出试液中铁的含量(mg · mL^{-1})，计算出原试液中铁的含量(mg · mL^{-1})。

【实验说明】

1. 作吸收曲线时，每调一次波长，都要重新调节分光光度计的 $T=0$ 和 $T=100\%$。

2. 待测溶液浓度一定要在工作曲线线性范围内，如果浓度超出直线的线性范围，则有可能偏离朗伯-比耳定律。

3. Fe^{3+} 与磺基水杨酸能形成逐级配合物，在不同酸度条件下，可能生成 1∶1、

1∶2、1∶3 三种颜色不同的配合物，所以调节溶液酸度对于本实验很重要。

4. 当试剂、显色剂有色，而待测试液无色时，则不加待测试液，按操作步骤加入显色剂和试剂配制成参比溶液（试剂空白）。

5. 由于测定时的误差，所得工作曲线不一定通过原点。

【思考题】

1. 实验中加入 $NH_3 \cdot H_2O$ 和 NH_4Cl 的作用是什么？

2. 实验步骤中为什么先加 NH_4Cl 溶液，再加磺基水杨酸，最后用氨水调节 pH？

方法二　邻二氮菲法测定铁

【实验原理】

邻二氮菲法由于具有高灵敏度、高选择性，且稳定性好，干扰易消除等优点，是目前测定微量铁最常使用的方法。

在 pH 为 2.0～9.0 的溶液中，Fe^{2+} 与邻二氮菲（phen）生成稳定的橘红色配合物 $[Fe(phen)_3]^{2+}$，

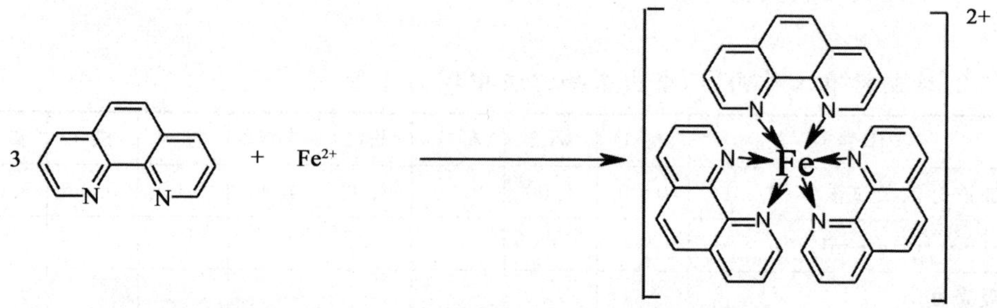

其 $\lg K_{稳} = 21.3$（20℃），摩尔吸光系数 $\varepsilon_{510} = 1.1\times10^4\ L\cdot mol^{-1}\cdot cm^{-1}$，最大吸收峰在 510 nm 处。由于 Fe^{3+} 也能与邻二氮菲生成 1∶3 的配合物，呈淡蓝色，所以在加入显色剂之前，应用盐酸羟胺（$NH_2OH \cdot HCl$）将全部的 Fe^{3+} 还原为 Fe^{2+}。

$$2Fe^{3+} + 2NH_2OH = 2Fe^{2+} + N_2\uparrow + 2H_2O + 2H^+$$

测定时应控制溶液酸度在 pH＝5 左右为宜，酸度太高，反应进行较慢，酸度太低，Fe^{2+} 离子水解，影响显色。大量的 Bi^{3+}、Ca^{2+}、Hg^{2+}、Zn^{2+} 及 Ag^+ 等离子与邻二氮菲作用生成沉淀，干扰测定，相当于铁量 40 倍的 Sn^{2+}、Al^{3+}、Ca^{2+}、Mg^{2+}、Zn^{2+}、SiO_3^{2-}；20 倍的 Cr^{3+}、Mn^{2+}；5 倍的 Co^{2+}、Ni^{2+}、Cu^{2+} 等离子不干扰测定。

【仪器与试剂】

722N 型分光光度计，容量瓶(100 mL、50 mL)，吸量管(5 mL)。

铁标准储备液(0.100 mg·mL^{-1})：准确称取 0.863 4 g 分析纯硫酸铁铵 $NH_4Fe(SO_4)_2 \cdot 12H_2O$，置于烧杯中，加入少量蒸馏水，再加入 20 mL 6 mol·L^{-1} HCl 溶解后，转入 1 000 mL 容量瓶中，加水稀释至刻度，充分摇匀。

盐酸羟胺(10%)，NaAc(1 mol·L^{-1})，邻二氮菲(0.15%)。

【实验步骤】

1. 绘制吸收曲线

移取铁标准溶液(0.100 mg·mL^{-1})2.00 mL 于 50 mL 容量瓶中，依次加入 10%的盐酸羟胺溶液 1 mL，摇匀，再加 0.15%邻二氮菲溶液 2.00 mL，1 mol·L^{-1} NaAc 溶液 5 mL，以蒸馏水稀释至刻度，摇匀。放置 10 min 后，用 1 cm 比色皿，以试剂空白为参比溶液，在 440～560 nm 间，每隔 10 nm 测定一次吸光度，其中在 500～520 nm 范围，每间隔 5 nm 测量一次，以波长为横坐标，吸光度为纵坐标，绘制吸收曲线，找出最大吸收波长 λ_{max}。

2. 绘制吸光度-时间曲线，从曲线确定显色时间

在 50 mL 容量瓶中，依次加入铁标准溶液(0.100 mg·mL^{-1})2.00 mL，10%的盐酸羟胺溶液 1 mL，0.15%的邻二氮菲溶液 2.00 mL，1 mol·L^{-1} 的 NaAc 溶液 5 mL，以蒸馏水稀释至刻度，摇匀。立即在 λ_{max} 下，用 1 cm 比色皿，以相应的试剂空白为参比，测定吸光度，然后放置 5 min、10 min、30 min、60 min、90 min、120 min，测定其吸光度，以时间为横坐标，吸光度为纵坐标，绘制吸光度-时间曲线，找出配合物稳定的时间范围。

3. 标准曲线的绘制及未知试液吸光度的测定

取 8 只 50 mL 容量瓶中，编号 1～8，准确移取铁标准溶液(0.100 mg·mL^{-1}) 0.00 mL、0.20 mL、0.60 mL、1.00 mL、1.50 mL、2.00 mL，分别放入 1～6 号容量瓶中，再移取未知液两份各 1.00 mL 放入 7、8 号瓶中，再各加 10%的盐酸羟胺溶液 1 mL，0.15%的邻二氮菲溶液 2.00 mL，1 mol·L^{-1} NaAc 溶液 5 mL，以蒸馏水稀释至刻度，摇匀。放置 10 min 后，以 λ_{max} 为测量波长，用 1 cm 比色皿，以 1 号试剂空白为参比，依次测定各溶液吸光度。绘制工作曲线，从工作曲线中查得相应的铁含量，计算原试液中铁的含量。

【实验数据处理与讨论】

1. 绘制吸收曲线

λ/nm												
A												

确定最大吸收波长 λ_{max} = ______。

2. 以时间为横坐标，吸光度为纵坐标绘制吸光度—时间曲线

时间/min						
吸光度/A						

结论：

3. 绘制标准工作曲线，求出未知溶液中铁的含量

编号	标 1	标 2	标 3	标 4	标 5	标 6	试 1	试 2
加铁标液及试液体积/mL	0.00	0.20	0.60	1.00	1.50	2.00	1.00	1.00
ρ(Fe)/(mg · mL^{-1})								
吸光度 A								

根据数据记录绘制工作曲线，从工作曲线上查出试液中铁的含量(mg · mL^{-1})，计算出原试液中铁的含量(mg · mL^{-1})。

【实验说明】

1. 制作标准曲线和进行其他条件试验时，加入试剂的顺序不能任意改变。

2. 乙酸钠溶液在本实验中的作用：一是缓冲溶液的作用，保证溶液在合适的酸度范围内，使 Fe^{2+} 不被氧化成 Fe^{3+}；二是保证邻二氮菲可以和 Fe^{2+} 生成稳定的橙红色配合物。

3. 盐酸羟胺在实验中的作用是保证将溶液中的 Fe^{3+} 全部还原成 Fe^{2+}。其本身吸湿性强，易受潮，温度高于 151℃则分解，因此盐酸羟胺要新鲜配制。

【思考题】

1. 本实验中哪些试剂应准确加入，哪些不必严格准确加入？为什么？

2. 参比溶液的作用是什么？在本实验中可否用蒸馏水作参比？

3. 邻二氮菲与铁的显色反应，其主要条件有哪些？

4. 如何正确使用比色皿？

实验 21　紫外分光光度法测定果蔬中的维生素 C 含量

【实验目的】

1. 掌握紫外分光光度法的基本原理，并了解其应用领域。

2. 学会果蔬样品的预处理方法及紫外分析技术。

3. 了解紫外分光光度计的构造及使用规则。

【实验原理】

紫外分光光度法是基于物质对紫外光（波长范围 190～400 nm）具有选择性吸收的分析方法。利用最大吸收波长的位置及吸收峰的形状，可以进行分子结构的推算等定性分析，进行定量分析的理论依据是朗伯－比尔定律，即在一定波长处被测定物质的吸光度与它的浓度呈线性关系。因此，通过测定溶液对一定波长入射光的吸光度，就可以求出物质在溶液中的浓度和含量。紫外分光光度法灵敏度高，选择性好，操作简便。紫外分光光度计的构造原理与组成与可见分光光度计大体一致，常将二者合为一体，统称为紫外可见分光光度计。

维生素 C 是人体必需的营养之一，也称抗坏血酸，分子中存在烯醇式结构，溶液无色，具有很强的还原性，易氧化分解。维生素 C 有多种测定方法，根据它在紫外区的吸收特性，通过测定样品在 243 nm 处的吸光度，可测定溶液中维生素 C 的含量。

【仪器与试剂】

T6 型紫外可见分光光度计，分析天平（0.000 1 g/分度），容量瓶（50 mL、100 mL），吸量管（5 mL），多功能搅碎机，漏斗，棉花。

$H_2C_2O_4$ 溶液（1%），新鲜果蔬，维生素 C 标准溶液（100 mg · L^{-1}）：配制时 1 L 溶液加入 0.5 g $H_2C_2O_4$。

【实验步骤】

1. 样品溶液制备

将果蔬样品洗净擦干，用搅碎机搅碎后，称取 10 g 左右于小烧杯中，加入 5 mL $H_2C_2O_4$ 溶液（1%），匀浆，以棉花替代滤纸，将汁液过滤到 100 mL 容量瓶中，用蒸馏水反复洗涤滤渣，收集滤液，至溶液体积达到容量瓶体积 2/3 时停止洗涤，用蒸馏水定容到刻线。

从上述溶液中准确移取两份样品溶液 10.00 mL 分别放于 50 mL 容量瓶中，

各加入 $H_2C_2O_4$ 溶液(1%)2.5 mL,用蒸馏水稀释至刻度,摇匀,待测。

2. 标准溶液配制

取 6 支 50 mL 容量瓶,分别标号 1～6,准确移取维生素 C 标准溶液(100 mg·L^{-1})0.00 mL、0.50 mL、1.50 mL、2.50 mL、4.00 mL、5.00 mL 于 50 mL 容量瓶中,再分别加入 $H_2C_2O_4$ 溶液(1%)2.5 mL,以蒸馏水稀释至刻度,摇匀。

3. 光谱扫描

选取标准系列中的第 4 号溶液,以 1 号瓶溶液为参比溶液,调节 T6 型紫外分光光度计,进行光谱扫描,确定最大吸收波长。仪器使用方法见第 2 章 2.4.3。

4. 工作曲线绘制和样品溶液测定

以光谱扫描确定的最大吸收波长为测量波长,调节好仪器以后,将标准溶液分别倒入比色皿中,按从稀到浓的顺序依次测定其 *A* 值,绘制工作曲线。

再将样品溶液倒入比色皿中,测定 *A* 值,求其含量。

【实验数据处理及讨论】

1. 记录数据

编号	0	1	2	3	4	5	试样 1	试样 2
浓度/(mg·L^{-1})								
吸光度 *A*								

2. 以吸光度 *A* 为纵坐标,标准溶液浓度为横坐标,绘制标准工作曲线。

3. 根据标准曲线求样品溶液中维生素 C 的浓度,并计算原试样中维生素 C 的含量(mg/100 g)。

【实验说明】

1. 维生素 C 的测定有许多方法,如荧光法、2,6-二氯靛酚法、碘量法、钼蓝比色法等,紫外分光光度法由于其快速简便被广泛采用。但实验中样品如果有颜色会影响测定的准确度,严格测定实际样品时还应该对本底吸收进行校正。

2. 不同型号的紫外可见分光光度计,操作软件不同,使用前应详细阅读仪器的使用说明再操作。

3. 维生素 C 易被氧化,标准溶液新鲜配制比较好,将果蔬样品捣碎时时间不宜拖沓。

【思考题】

1. 维生素 C 溶液易氧化,实验操作中应注意什么?

2. 在紫外区分析时应选择何种比色皿？为什么？

3. 参比溶液的作用是什么？本实验用什么作参比溶液？

实验 22　电势滴定法测定醋酸的含量及其解离常数

【实验目的】

1. 学习电势滴定法测定弱酸含量的原理。

2. 掌握 pH 计的操作方法。

3. 学会运用二阶微商法确定滴定终点。

【实验原理】

醋酸为有机酸，与氢氧化钠反应生成醋酸钠。用已知浓度的氢氧化钠滴定未知浓度的醋酸溶液，溶液的 pH 随着反应进行而发生变化，在终点时产生 pH 的突跃，故而可根据滴定过程中 pH 随氢氧化钠体积的变化情况来确定滴定的终点，进而求得 HAc 的含量。

电势滴定法是在滴定过程中通过测量工作电池电动势变化或溶液 pH 的突跃来确定滴定终点的方法。此法不受待测液是否有色或浑浊的限制。滴定终点可由电势滴定曲线（pH-V 曲线：以滴定剂用量 V 为横坐标，以 pH 为纵坐标，绘制 pH-V 曲线）来确定，也可用二阶微商曲线法求得。二阶微商曲线法是根据$\triangle pH/\triangle V$-V 曲线的最高点即是$\triangle^2 pH/\triangle V^2=0$，来确定滴定终点。该法可不用绘图，直接由内插法计算确定滴定终点，所得结果比较准确。

确定滴定体积以后，可以算出醋酸样品的浓度和醋酸的解离常数。

从 pH-V 曲线上查出 HAc 被中和一半时（$\frac{1}{2}V_e$）对应的 pH，根据 $\lg K_a^\ominus(HAc) = -pH$ 的关系，即可计算出在测定温度时醋酸的解离常数 $K_a^\ominus$。

【仪器与试剂】

pHS-3C 型酸度计，电磁搅拌器，碱式滴定管（50 mL），烧杯（100 mL），移液管（25 mL），复合电极。

待测定的 HAc 溶液（0.05 mol·L^{-1}），NaOH 标准溶液（0.100 0 mol·L^{-1}），标准缓冲溶液（pH＝4.00、pH＝6.86，25℃），酚酞指示剂。

【实验步骤】

1. 将酸度计电极安装好，接通仪器的电源，仪器预热 30 min。

2. 校正酸度计。

3. 准确移取 25.00 mL 的醋酸样品溶液，放入 100 mL 的烧杯中，将此烧杯置于磁力搅拌器上，放入干净的搅拌子。将复合电极浸入到样品溶液液面下，测定此时的 pH，并记录。

4. 在碱式滴定管中加入 0.100 0 $mol \cdot L^{-1}$ NaOH 标准溶液，调整好初始液面，向样品溶液中滴加 NaOH 标准溶液。开始时每次滴加 1.00 mL，待 pH 稳定后，记录相应 pH 和滴定体积。随着 pH 差的增大，减少每次加入的氢氧化钠的量。接近终点时每间隔 0.10 mL 滴加一次，记录相应的 pH 读数。pH 突跃后，恢复到间隔 0.50～1.00 mL 记录一次 pH，直至超过终点 2～3 mL，停止滴定。

【实验记录与数据处理】

电势滴定法测定醋酸的含量温度

$V(NaOH)$	pH	ΔpH	ΔV	$\frac{\Delta pH}{\Delta V}$	$\bar{V}$	$\Delta \bar{V}$	$\Delta\left(\frac{\Delta pH}{\Delta V}\right)$	$\Delta^2 \frac{pH}{\Delta V^2}$

1. 绘制 pH-V 曲线。
2. 用二阶微商内插法求算滴定终点 V_e。
3. 计算样品溶液的浓度。
4. 计算出实验温度下醋酸的解离常数 K_a。

【思考题】

1. 用电势滴定法确定终点与指示剂法相比有何优点？
2. 当 HAc 的含量有一半被 NaOH 中和时，可以认为 $c(HAc)=c(Ac^-)$，为什么？
3. 当 HAc 被 NaOH 完全中和时，反应终点的 pH 是否等于 7，为什么？

实验 23　氯离子选择性电极测定自来水中的氯含量

【实验目的】

1. 了解氯离子选择性电极的基本性能。

2. 掌握氯离子选择性电极测定氯离子浓度的原理和操作方法。

3. 掌握氯离子选择性电极的使用方法。

4. 学会使用酸度计测电动势。

【实验原理】

氯离子选择性电极的敏感膜是由 AgCl-Ag_2S 的粉末混合压制而成的，将氯离子选择性电极插入含 Cl^- 的溶液中，会产生相应的膜电势。

在测定过程中，以氯离子选择性电极作指示电极，饱和甘汞电极作参比电极，插入试液中组成工作电池。如果控制水样中总离子强度恒定，电池电动势 ε 随待测液中 Cl^- 活度的响应符合能斯特定律：

$$\varepsilon = K - \frac{2.303RT}{nF}\lg\alpha\,(Cl^-)$$

由上式可知，一定温度下，电池电动势与氯离子活度的对数呈线性关系。当溶液中的离子强度一定时，活度系数为定值，电池的电动势与氯离子浓度的对数呈线性关系。

自来水中氯含量的测定通常有标准加入法和标准曲线法，本实验采用标准曲线法。将氯离子选择性电极和饱和甘汞电极浸入一组已知浓度且已加入 TISAB 的氯离子标准溶液中，得到一组对应的电动势，由此可绘制出 ε-lg$c$(Cl^-) 标准曲线。然后相同条件下，将电极浸入自来水中，测定工作电池的电动势，根据标准曲线可求算出自来水中 Cl^- 的浓度。

氯电池在$(5\times10^{-5})\sim(5\times10^{-2})$ mol·L^{-1} 范围有线性关系，可在 pH 为 2.0～13.0 的范围内测定 Cl^- 离子的浓度。常见的 Br^-、I^-、S^{2-} 等有干扰。

测定时，氯离子选择性电极是对离子活度响应，而不是对特定型体的总浓度响应，并且溶液中有 Br^-、I^-、S^{2-} 等的干扰，所以应加入总离子强度调节缓冲剂(TISAB)来稳定离子强度且掩蔽干扰离子，还可起缓冲溶液的作用。

【仪器与试剂】

pHS-3C 型酸度计，电磁搅拌器，氯离子选择性电极，217 型饱和甘汞电极，烧杯(50 mL),容量瓶(50 mL),吸量管(1 mL、10 mL),移液管(25 mL)。

Cl^- 标准溶液(0.050 00 mol·L^{-1}),TISAB溶液:称取分析纯 $NaNO_3$ 84.99 g 于 250 mL 烧杯中,以蒸馏水溶解后转入 1 000 mL 容量瓶中定容。

【实验步骤】

1. 仪器准备

按照 pHS-3C 型酸度计的使用说明,安装好电极,调好 mV 档,用蒸馏水将氯离子选择性电极洗至空白值。方法是将氯离子选择性电极与双液接饱和甘汞电极浸在离子水中,磁力搅拌 3 min,至仪器显示 −220 mV。若未达空白值,更换蒸馏水,直至洗到空白值为止。

2. 绘制标准曲线

取 5 个洗净的 50 mL 容量瓶,依次编号。分别吸取 0.050 00 mol·L^{-1} Cl^- 标准溶液 0.50 mL、1.00 mL、2.50 mL、5.00 mL、10.00 mL 于 1~5 号的容量瓶中,然后各加入 1.00 mL TISAB 溶液,用蒸馏水稀释至刻度,摇匀,待用。

将所配制的标准系列溶液,分别倒入 5 个 50 mL 的干燥烧杯中,浸入步骤 1 中备好的氯离子选择性电极和饱和甘汞电极,磁力搅拌 2 min 后停止搅拌,待读数稳定后,记录对应的电动势,测定时按照浓度由低到高进行。根据所得数据,绘制 ε -lg$c$(Cl^-)标准曲线。

3. 自来水中氯含量的测定

取 2 个洗净的 50 mL 容量瓶,分别加入 25.00 mL 水样和 1.00 mL TISAB 溶液,用蒸馏水稀释至刻度,摇匀,待用。

采用步骤 2 相同方法测定对应的电动势。再根据步骤 2 所得标准曲线,可求算出自来水中氯含量。

【实验数据处理及讨论】

自来水中氯含量

编号	1	2	3	4	5	样品 1	样品 2
$c(Cl^-)/(mol \cdot L^{-1})$							
ε /mV							

【实验说明】

1. 安装电极时,两支电极不要彼此接触,也不要触碰到烧杯内壁或底部。

2. 测量时按照浓度由低到高进行,这样在转换溶液时不必冲洗电极,直接用滤纸吸去电极上附着的溶液即可。

3. 将测过标准溶液的氯离子选择性电极用蒸馏水洗至空白值或其附近之后再测量样品。

【思考题】

1. 为什么测定氯含量的时候用双液接饱和甘汞电极做参比电极?

2. 在测量电动势的时候,溶液为什么由稀到浓地测量?

3. 测量样品溶液之前,氯离子选择性电极是否要洗到空白值?

4. 加入的 TISAB 溶液有什么作用?

实验 24　原子吸收分光光度法测定土壤中的铅含量

【实验目的】

1. 了解原子吸收分光光度法的工作原理。

2. 掌握原子吸收分光光度法测定土壤中的铅含量的分析方法。

3. 学习土壤样品的消化方法。

4. 掌握原子吸收分光光度计的使用方法。

【实验原理】

原子吸收分光光度法是根据某元素的基态原子对该元素的特征谱线产生选择性吸收来进行测定的方法。仪器由光源辐射出具有待测元素灯特征谱线的光,通过被测化合物原子化产生的原子蒸气,被蒸气中待测元素的基态原子选择性吸收,在使用锐线光源和测定低浓度待测物的情况下,基态原子蒸气对共振线的吸收符合朗伯比耳定律。

$$A = \lg \frac{I_0}{I_1} = KLN$$

式中:A 为吸光度;I_0 为入射光强度;I_1 为经原子蒸气吸收后的透射光强度;K 为吸光系数;L 为光穿过原子蒸气的光程长度;N 为基态原子密度。

通过测定特征辐射强度减弱的程度,即可计算出被测元素的含量。通常采用标准曲线法,比照不同浓度标准溶液与待测试样的吸光度,求得试样待测元素的含量。

土壤的消化方法一般为:湿法消化或干法灰化。湿法消化是使用具有强氧化性酸,如硝酸、硫酸、高氯酸等与有机化合物溶液共沸,使有机化合物分解除去。干法灰化是在高温下灰化、灼烧，使有机物被空气中氧气氧化而破坏。本实验采用湿法消化土壤中的有机化合物。

【仪器与试剂】

容量瓶（25 mL、50 mL），吸量管（5 mL），高型烧杯（100 mL），洗耳球，TAS-986 型原子吸收分光光度计。

铅标准溶液（100.0 mg·L^{-1}），稀硝酸溶液（1%），王水，高氯酸。

【实验步骤】

1. 标准曲线的绘制

取 6 个 50 mL 容量瓶，依次加入 0.00 mL、0.50 mL、1.00 mL、1.50 mL、2.00 mL、2.50 mL 的浓度为 100.0 mg·L^{-1} 的铅标准溶液，用 1%的稀硝酸溶液稀释定容至刻度，摇匀，得到浓度为 0.00 mg·L^{-1}、1.00 mg·L^{-1}、2.00 mg·L^{-1}、3.00 mg·L^{-1}、4.00 mg·L^{-1}、5.00 mg·L^{-1} 的铅标准系列。然后在 283.3 nm 处测定吸光度，绘制标准曲线。

仪器调整和使用的条件：

(1)安装铅空心阴极灯。

(2)测定条件。灯电流，5 mA；测定波长：283.3 nm；燃气流量 1 500 mL·min^{-1}；狭缝宽：0.2 nm。

2. 样品的测定

用分析天平（0.000 1 g/分度）称取 1.0 g 土样（2 份），置于 100 mL 高型烧杯中，用少量蒸馏水润湿，然后缓慢加入 5 mL 王水，盖上表面皿。同时做一份试剂空白做参比。把 3 个烧杯放在电炉上加热（务必在通风橱内进行），一开始缓慢加热使温度慢慢提高，之后保持微沸，使其充分分解。注意消化温度不宜过高，防止爆沸而使样品外溅。待有机物分解后，取下烧杯冷却，再沿烧杯壁加入 2～4 mL 高氯酸，盖上表面皿，继续加热分解直至冒白烟，样品变成灰白色，然后揭去表面皿，继续加热，赶出过量的高氯酸，将样品蒸至快干，取下冷却。再加入 5 mL 1%稀硝酸溶液加热，冷却后用中速定量滤纸过滤到 25 mL 容量瓶中，滤渣用 1%稀硝酸溶液洗涤，洗涤液一并转移到容量瓶中，用 1%的稀硝酸溶液稀释定容至刻度，摇匀待测。

将所得消化溶液与试剂空白在与标准系列相同的条件下测定其吸光度，根据标准曲线计算消化溶液中铅浓度 ρ（μg·L^{-1}）。（若空白吸光度很小，则可以忽略）

【实验数据处理及讨论】

土壤中铅含量的计算公式如下：

$$\omega(\text{Pb})=\frac{\rho(\text{消化溶液})\cdot V(\text{消化溶液})}{m(\text{样品})}$$

【实验说明】

1. 土壤消化物若不足呈灰白色，应补加少量的高氯酸，继续消化。但是高氯酸对空白影响较大，应控制量。

2. 高氯酸具有强氧化性，应待土壤中大部分有机物质消化完，冷却后再加入，或者在常温下有大量硝酸存在下加入，否则会使烧杯中样品溅出或爆炸，使用时一定注意安全。

【思考题】

1. 原子吸收分光光度法具有什么特点？
2. 试分析本实验中的误差来源有哪些？

实验 25　荧光法测定维生素 B_2 片剂中核黄素的含量

【实验目的】

1. 学习荧光分光光度法的基本原理。
2. 了解荧光分光光度计的结构和性能指标。
3. 掌握荧光光度法借助标准曲线定量分析维生素 B_2 的程序。
4. 熟悉利用荧光光度计定性定量分析的操作步骤。

【实验原理】

处于基态的分子吸收一定频率的光成为激发态分子，激发态分子通过无辐射跃迁至第一激发态的最低振动能级，再以辐射跃迁的形式回到基态，发出比吸收光波长长的光，这就是荧光现象，所发出的光就叫荧光。当有机化合物分子结构中具有大的共轭 π-π 双键结构和刚性平面结构时，物质越容易产生荧光。任何荧光化合物都有两个特征性光谱：激发光谱和发射光谱。

激发光谱和发射光谱是荧光分析中定性和定量的基础。绘制激发光谱时，固定荧光的最大发射波长，然后改变激发光的波长，所测得的荧光强度与激发波长的谱线关系即为激发光谱。发射光谱也称为荧光光谱，绘制发射光谱时，固定荧光的最大激发波长，然后改变发射光的波长，所测得的荧光强度与发射波长的谱线关系即为发射光谱。

在极稀的溶液中，当 $\varepsilon bc\leqslant 0.05$ 时，而且激发光的频率、强度以及液层厚度不变的情况下，荧光强度与荧光物质的浓度成正比，对于较浓溶液，荧光强度与浓度不呈线性关系。这是荧光光谱仪设计的工作原理。

$$I_f = Kc$$

除了浓度因素，温度、溶液的 pH 及溶剂的性质和反应时间都影响荧光强度的大小。

荧光光度法进行定量分析常借助于标准曲线法，即将已知量的标准物经过与试样相同的处理后，配成一定浓度的标准溶液，并测定他们的荧光强度，绘制一条以荧光强度和标准溶液浓度为坐标的标准曲线，然后测定未知样的浓度。

维生素 B_2（又称核黄素）是核醇与 7，8-二甲基异咯嗪的缩合物，属水溶性维生素。在生物体内以游离核黄素、黄素单核苷酸及黄素腺嘌呤二核苷酸 3 种形式存在，构成体内许多黄酶中的辅酶。分子中有 3 个芳香环，具有平面刚性结构（图 4-25-1），在 430～440 nm 蓝光的照射下，维生素 B_2 发出绿色荧光，荧光峰在 535 nm 附近。在溶液 pH 为 6～7 的溶液中荧光强度最大，在 pH 为 11 时消失，而且其荧光强度与维生素 B_2 溶液浓度呈线性关系，因此可以用标准曲线法测维生素 B_2 的含量。

维生素 B_2 在碱性溶液中经光线照射会发生分解而转化为另一物质——光黄素，光黄素也是一个能发荧光的物质，其荧光比维生素 B_2 的荧光强，所以测维生素 B_2 的荧光强度时，溶液要控制在酸性范围内。

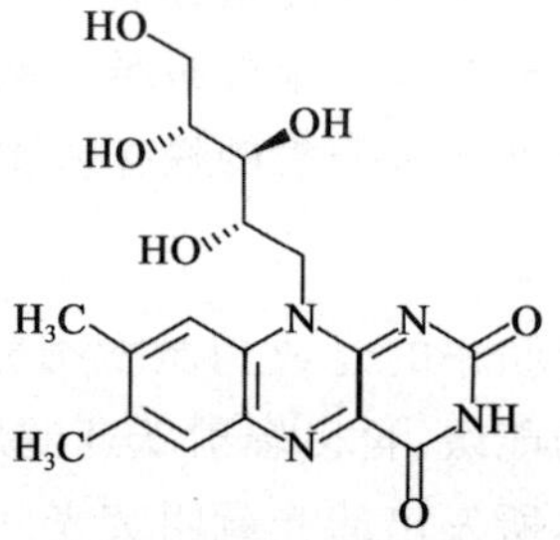

图 4-25-1 维生素 B_2 的结构式

【仪器与试剂】

荧光光度计（F-4500 型，日立公司），比色管（10 mL），吸量管（5 mL），容量瓶（50 mL、100 mL、1 000 mL）。

核黄素（AR），HAc 溶液（5%），市售维生素 B_2 片剂。

【实验步骤】

1. 确定最佳实验条件

(1)配制 10.0 $mg \cdot L^{-1}$ 维生素 B_2 标准溶液。准确称取 10.0 mg 核黄素，用少量 5%HAc 将其溶解，转移至 1 L 容量瓶中，用 5% HAc 稀释至刻度，摇匀。

(2)稀释维生素 B_2 标准溶液。准确移取 10.0 $mg \cdot L^{-1}$ 维生素 B_2 标准溶液 1.00 mL 于 10 mL 比色管中，用 5%HAc 溶液定容。使其浓度为 1.00 $mg \cdot L^{-1}$。

(3)将稀释后的维生素 B_2 标准溶液倒入石英比色皿中，暂定荧光光度计的发射波长在 525 nm 处，在 200～500 nm 波长范围内对激发波长进行扫描，记录激发光谱曲线。从激发光谱上可以看到在 265 nm、372 nm、442 nm 处共有 3 个峰。然后将激发波长分别设定在 265 nm、372 nm、442 nm 处，在 400～700 nm 波长范围内对发射波长进行扫描，记录 3 组发射光谱谱线，约在 525 nm 处荧光强度最大。

(4)标准系列溶液的配制。在 5 个干净的 50 mL 容量瓶中，分别加入 10.0 $mg \cdot L^{-1}$ 维生素 B_2 标准溶液 0.00 mL、1.00 mL、2.00 mL、3.00 mL、4.00 mL 和 5.00 mL，用 5%HAc 稀释至刻度。

(5)在 $\lambda_{ex}/\lambda_{em}$ = 265 nm/525 nm，$\lambda_{ex}/\lambda_{em}$ = 372 nm/525 nm，$\lambda_{ex}/\lambda_{em}$ = 442 nm/525 nm 3 种情况下，设置适当的仪器参数，分别以荧光强度为纵坐标，溶液浓度为横坐标制作工作曲线，选择工作曲线线性最好的，为本实验最佳的激发和发射波长。

2. 样品的测定

取市售维生素 B_2 药片 10 片，充分研磨后，称取 0.5 mg 左右置于 50 mL 烧杯中，加入约 15 mL 5% HAc 溶液，用玻璃棒捣碎药片，水浴加热使样品由混浊变为基本透明，转移至 100 mL 容量瓶，并加入 5% HAc 溶液定容。

取待测液 3.00 mL 置于 50 mL 容量瓶中，用 5% HAc 溶液稀释至刻度，摇匀。

设置适当的仪器参数，在最佳激发波长和发射波长处测量样品溶液的荧光强度。并由标准曲线确定未知试样中核黄素的浓度。计算药片中核黄素的含量(mg/g)。

【实验数据处理及讨论】

1. 选择的最佳激发波长 λ_{ex} = ______ nm，最佳荧光发射波长 λ_{em} = ______ nm。

2. 标准溶液和待测液荧光强度记录。

编号	0	1	2	3	4	5	样$_1$	样$_2$
$\rho(B_2)/(\mu g \cdot mL^{-1})$								
荧光强度 F								

药片中核黄素的含量(mg/g)为__________。

3. 实验图像

以 $\lambda_{em}=$______为发射波长，在 250～500 nm 范围扫描得到的激发光谱图。

以 $\lambda_{ex}=$______为激发波长，在 400～700 nm 范围扫描得到的发射光谱图。

在选择的最佳激发波长和最佳发射波长下，以标准溶液的荧光强度为纵坐标，标准溶液浓度为横坐标，制作标准曲线。

【实验说明】

1. 实验中用到的石英皿是四面透光的，拿的时候不能接触到 4 个透光面，只能拿上下角部，擦外壁残留液时由于擦镜纸不吸水，故可先用吸水纸巾擦干，再用擦镜纸擦。

2. 维生素 B_2 水溶液遇光易变质，遇碱易变质，标准溶液应新鲜配制。

3. 在光谱范围设定时，要注意避开瑞利线、拉曼线以及倍频线。

4. 在测试过程中，应注意溶液的浓度不能太高，否则溶液浓度与荧光强度不呈线性关系，造成分析误差。

【思考题】

1. 荧光分光光度法的原理是什么？

2. 影响荧光强度的因素有哪些？

3. 维生素 B_2 在 pH 为 6～7 时荧光强度最强，为何本实验在酸性条件下测定？

4. 如何选择最佳激发波长和发射波长？

第 5 章　综合与设计性实验

实验 1　室内空气中甲醛的测定

【实验目的】

1. 了解测定室内空气中甲醛含量的方法，明确测定甲醛含量的意义。
2. 掌握酚试剂分光光度法测定甲醛的操作步骤及注意事项。
3. 学会用大气采样器采集样品，进一步熟练可见分光光度计的使用。

【实验原理】

甲醛(化学式为 HCHO)为无色易溶于水的液体，挥发性很强，有刺激性气味。室内甲醛主要来源于建筑材料、家具、人造板材、各种黏合剂、涂料和合成纺织品等。甲醛对人体健康的影响主要表现在嗅觉异常，对皮肤有强烈的刺激作用，影响肺功能和免疫功能。据国家技术监督局发布的《居室空气中甲醛的卫生标准》中规定，居室内空气中甲醛的最高允许量为 0.08 $mg \cdot m^{-3}$。

甲醛的测定方法有酚试剂比色法、乙酰丙酮比色法、变色酸比色法、4-氨基-3-联氨-5-巯基-1,2,4-三氮杂茂(简称 AHMT)比色法等化学方法。还有高效液相色谱法和气相色谱法。其中酚试剂比色法在常温下显色，且灵敏度高，干扰少，检出限为 0.02 $mg \cdot L^{-1}$，因而被推荐使用。

酚试剂化学名称为盐酸-3-甲基-2 苯并噻唑酮腙，$C_6H_4SN(CH_3)C:NNH_2 \cdot HCl$，简称 MBTH，空气中的甲醛与酚试剂反应生成嗪，嗪在酸性溶液中被高铁离子氧化形成蓝绿色化合物。根据朗伯-比尔定律，溶液的吸光度与甲醛含量成正比，该化合物在 630 nm 处摩尔吸光系数 ε 可达 7.0×10^4 $L \cdot mol^{-1} \cdot cm^{-1}$，可以进行定量分析。

【仪器与试剂】

分析天平(0.000 1 g/分度)，大气采样器，722 型分光光度计，大型气泡吸收管，具塞比色管(10 mL)，容量瓶(100 mL)，移液管(25 mL)，吸量管(1 mL、2 mL、

5 mL)，碘量瓶(250 mL)。

酚试剂(AR)，硫酸铁铵溶液(1%)，I_2 溶液(0.050 00 mol·L^{-1})，NaOH(1 mol·L^{-1})，H_2SO_4(0.5 mol·L^{-1})，$Na_2S_2O_3$(0.100 0 mol·L^{-1})，淀粉溶液(0.5%)，甲醛(36%～38%)。

【实验步骤】

(1)配制吸收液原液。称量 0.10 g 酚试剂加少量水溶解，定容于 100 mL 容量瓶。

(2)配制吸收液。准确量取吸收原液 5.00 mL，定容于 100 mL 容量瓶。

(3)配制甲醛标准贮备溶液。取 2.8 mL 含量为 36%～38%甲醛溶液，放入 1 L 容量瓶中，加水稀释至刻度。

(4)甲醛标准贮备溶液的标定。精确量取 20.00 mL 待标定的甲醛标准贮备溶液，置于 250 mL 碘量瓶中。加入 20.00 mL 0.050 00 mol·L^{-1} I_2 溶液和 15 mL 1 mol·L^{-1} NaOH，于暗处放置 15 min，加入 20 mL 0.5 mol·L^{-1} H_2SO_4，再放置 15 min，用 0.100 0 mol·L^{-1} $Na_2S_2O_3$ 标准溶液滴定，至溶液呈现淡黄色时，加入 1 mL 0.5%淀粉溶液，此时呈蓝色，继续滴定至蓝色刚刚褪去为止。记录所用 $Na_2S_2O_3$ 溶液体积 V_2 mL。同时用水作试剂空白滴定，操作步骤完全同上，记录空白滴定所用硫代硫酸钠溶液的体积 V_1 mL。

甲醛溶液的质量浓度用下述公式计算：

$$\rho(\text{HCHO})=\frac{\{V_1(\text{Na}_2\text{S}_2\text{O}_3)-V_2(\text{Na}_2\text{S}_2\text{O}_3)\}\times c(\text{Na}_2\text{S}_2\text{O}_3)\times M(\text{HCHO})}{2\,V(\text{HCHO})}$$

(5)配制甲醛标准溶液。将甲醛标准贮备溶液用水稀释成 1 mL 含 10 μg 甲醛的溶液，立即再取此溶液 10.00 mL，加入 100 mL 容量瓶中，加入 5 mL 吸收原液，用水定容至 100 mL，此液 1 mL 含 1 μg 甲醛，放置 30 min 后，用于配制标准系列。

(6)用一个内装 5 mL 吸收液的大型气泡吸收管，以 0.5 L/min 流量，采气 10 L。每组两个平行。并记录采样点的温度和大气压力。将采样体积换算成标准状况下采样体积。

$$V_0=V_t\times\frac{273\times P}{(273+t)\times 760}$$

式中：V_t 为采样体积(L)；P 为采样点的大气压力(mmHg)；t 为采样点的气温(℃)。

(7)采样后，将样品溶液全部转入比色管中，用少量吸收液洗吸收管。溶液总体积不超过 10 mL。

(8)取 8 支 10 mL 比色管，于比色管中按表 5-1-1 加入甲醛标准溶液和吸收液，配制成甲醛标准系列溶液。

表 5-1-1　甲醛溶液标准系列

管号	0	1	2	3	4	5	6	7
标准溶液/mL	0	0.10	0.20	0.40	0.60	0.80	1.00	1.50
吸收液/mL	5.00	4.90	4.80	4.60	4.40	4.20	4.00	3.50

(9)向甲醛标准系列和采样管中各加入 0.4 mL 1%硫酸铁胺溶液，用水定容到 10 mL，摇匀，放置 15 min。用 1 cm 比色皿，在波长 630 nm 下，以“0”号为参比，测定各管溶液的吸光度，绘制标准曲线，计算空气中甲醛的含量 $\rho(\mathrm{mg \cdot L^{-1}})$。

【实验数据处理及讨论】

甲醛溶液标定

<table>
<tr><th>项目</th><th>Ⅰ</th><th>Ⅱ</th><th>空白</th></tr>
<tr><td>$c(Na_2S_2O_3)/(\mathrm{mol \cdot L^{-1}})$</td><td colspan="3"></td></tr>
<tr><td>$V(HCHO)/\mathrm{mL}$</td><td colspan="3"></td></tr>
<tr><td>$V(Na_2S_2O_3)$初读数/mL</td><td></td><td></td><td></td></tr>
<tr><td>$V(Na_2S_2O_3)$终读数/mL</td><td></td><td></td><td></td></tr>
<tr><td>$V(Na_2S_2O_3)/\mathrm{mL}$</td><td></td><td></td><td></td></tr>
<tr><td>$c(HCHO)/(\mathrm{mg \cdot mL^{-1}})$</td><td></td><td></td><td rowspan="3"></td></tr>
<tr><td>$\bar{c}(HCHO)/(\mathrm{mg \cdot mL^{-1}})$</td><td colspan="2"></td></tr>
<tr><td>相对极差</td><td colspan="2"></td></tr>
</table>

分光光度法数据记录

编号	0	1	2	3	4	5	6	7	样 1	样 2
$c(HCHO)/\mu g$										
A										

绘制 A-c 曲线(用坐标纸或计算机作图)

计算室内甲醛的含量(mg/m^3)

【实验说明】

1. 室内样品的采集根据工程面积确定选点个数,但要求每个单体工程不少于3个检测点,要求检测点离内墙面≥0.5 m,离地面高度0.8～1.5 m。要求检测点均匀分布,尽量避开通风道和通风口,确保样品的代表性。

2. 采集甲醛用的标准气泡吸收管加入吸收液之前要充分洗净干燥,避免管内残留影响。

3. 气泡吸收管的进气管与插入管座的磨口之间应严密不漏气,进气管口下端无损坏。

4. 采样房间应提前通风,先在室外上风向采集完室外空白,然后再关闭门窗1 h后进行室内空气采样。

5. 酚试剂法检测甲醛受环境温度影响很大,实验室应监测、控制和记录环境条件,并注意显色反应的温度,当室温低于15℃时,显色不完全,应在25℃水浴中保温操作。

【思考题】

1. 酚试剂法检测甲醛含量实验中对硫酸高铁铵的应用有何要求?

2. 影响本实验显色完全的主要因素有哪些?

3. 二氧化硫对测定准确度有影响,如何消除?

实验2 酱油中防腐剂含量的测定

【实验目的】

1. 学习紫外分光光度法的基本操作技能。

2. 掌握蒸馏法测定酱油中苯甲酸的基本原理及操作要点。

【实验原理】

酱油是酿造食品,在生产储藏过程中有发生霉变的风险,因此在酿造酱油中经常添加防腐剂,以保持食品原有品质和营养价值,抑制微生物的生长繁殖,防止食品腐败变质,延长保质期。防腐剂在安全的使用范围内对人体无害。苯甲酸及其钠盐是食品中常用的防腐剂。苯甲酸又称安息香酸,在常温下难溶于水,溶于热水,在空气中微挥发,有吸湿性,易溶于乙醇、氯仿和非挥发性油。沸点249℃,100℃即开始升华。在食品添加剂中苯甲酸钠价格低廉被广泛使用。常温下苯甲酸钠易溶于水，是酸性防腐剂，在碱性介质中无杀菌、抑菌作用；其防腐最佳 pH 为 2.5～4.0，常用于酱油、醋和果汁中。

苯甲酸及其钠盐的测定方法很多，广泛使用的是酸碱滴定法，还有紫外分光光度法、薄层层析法、气相色谱法、高压液相色谱法等等。本实验采用水蒸气蒸馏-紫外分光光度法。苯甲酸在酸性溶液中，被蒸馏出来，与样品中不挥发性成分分离，然后用强酸氧化，使苯甲酸以外的其他有机物氧化分解，氧化后的溶液再次蒸馏，蒸馏液中除苯甲酸外的其他杂质基本都被分解了。纯净的苯甲酸在 225 nm 处有最大吸收峰，吸光度与浓度的关系符合朗伯-比尔定律。因此测定蒸馏出的苯甲酸在吸收波长 225 nm 下的吸光度值，可以求出苯甲酸的含量。酱油中含有的脂类物质和其他的酸性物质对测定有干扰，通过加入 $K_2Cr_2O_7$ 和 H_2SO_4 氧化除去，再进行蒸馏分离。

【仪器和试剂】

蒸馏瓶(250 mL)，容量瓶(100 mL、50 mL)，移液管(5 mL、10 mL、25 mL)，量筒(10 mL、25 mL)，紫外分光光度计，分析天平(0.1 g/分度，0.000 1 g/分度)。

无水 Na_2SO_4，H_3PO_4(35%)，NaOH 溶液(1 mol·L^{-1}、0.1 mol·L^{-1}、0.01 mol·L^{-1})，$K_2Cr_2O_7$ 溶液(0.03 mol·L^{-1})，H_2SO_4 溶液(3 mol·L^{-1})。

【实验步骤】

1. 苯甲酸标准溶液

准确称取经 105℃干燥的苯甲酸 0.100 0 g，溶于 0.1 mol·L^{-1}NaOH 溶液中，移入 100 mL 容量瓶中，并定容至刻度，相当苯甲酸 0.1 mg/mL。吸取此液 10.00 mL 于 50 mL 容量瓶中，用 0.01 mol·L^{-1}NaOH 溶液定容至刻度，混匀，相当苯甲酸 20 μg/mL。

2. 样品处理

(1)准确吸取 5.00 mL 试样，置于 250 mL 蒸馏瓶中，加 1 mL 35%H_3PO_4 溶液、10 g 无水 Na_2SO_4、40 mL 蒸馏水，进行蒸馏，用盛有 10 mL 0.1 mol·L^{-1} NaOH 溶液的 100 mL 容量瓶进行吸收，至蒸馏液约 45 mL，蒸馏瓶中开始暴沸时停止蒸馏，放置冷却，用 5 mL 蒸馏水洗涤冷凝管，洗液并入容量瓶中，并定容至刻度，混匀，为甲液。

(2)准确吸取甲液 25.00 mL 于 250 mL 蒸馏瓶中，加 25 mL 0.03 mol·L^{-1} $K_2Cr_2O_7$ 溶液和 6.5 mL 3 mol·L^{-1} H_2SO_4 溶液，在 90℃水浴上准确加热 10 min，冷却，加 1 mL H_3PO_4、10 g 无水 Na_2SO_4、20 mL 蒸馏水继续蒸馏，用盛有 10 mL 0.1 mol·L^{-1}NaOH 溶液的 100 mL 容量瓶进行吸收，至蒸馏液约 45 mL，

停止蒸馏并放置冷却，蒸馏完毕，用蒸馏水洗涤冷凝管，洗液并入容量瓶中，并定容至刻度，混匀为乙液。

(3)空白试验。准确吸取 5.00 mL 蒸馏水，移至 250 mL 蒸馏瓶中，加 5 mL 1 mol·L^{-1}NaOH 溶液、10 g 无水 Na_2SO_4、40 mL 蒸馏水，进行蒸馏，用盛有 10 mL 0.1 mol·L^{-1}NaOH 溶液的 100 mL 容量瓶进行吸收，至蒸馏液约 45 mL 在蒸馏瓶中开始爆沸时停止蒸馏、放置冷却，用 5 mL 蒸馏水洗涤冷凝管，洗液并入容量瓶中，并稀释至刻度，混匀，为甲液，以下按试样处理操作制备乙液。

3. 测定

准确吸取苯甲酸标准液 0 mL、1.0 mL、2.0 mL、3.0 mL、4.0 mL、5.0 mL(相当苯甲酸 0 μg·mL^{-1}、20 μg·mL^{-1}、40 μg·mL^{-1}、60 μg·mL^{-1}、80 μg·mL^{-1}、100 μg·mL^{-1})，分别置于 50 mL 容量瓶中，用 0.01 mol·L^{-1}NaOH 溶液，定容至刻度，混匀，用 1 cm 比色杯在 225 nm 波长处测吸光度，绘制标准曲线。

吸取“试样处理”和“空白试验”项的乙液各 20 mL，分别定容于 50 mL 容量瓶中，与标准液相同条件下，测定吸光度。

4. 计算

$$\rho(\text{苯甲酸})=\frac{A_1-A_2}{V_1\times V_2\times V_3}$$

式中：A_1 为样品乙液相当苯甲酸质量；A_2 为空白乙液相当苯甲酸质量；V_1 为吸取样品乙液体积；V_2 为吸取样品甲液体积；V_3 为吸取样品体积。

【实验数据处理及讨论】

自行设计本实验的实验表格，附图，并做数据处理。

【实验说明】

1. 蒸馏出甲液和乙液后，应用蒸馏水充分洗涤冷凝管等器皿。

2. 用 $K_2Cr_2O_7$ 溶液和 H_2SO_4 溶液氧化甲液时，在近沸的水浴中进行，而且加热的时间不可过长。

3. 实验必须做空白实验，空白实验中不加磷酸，加入 NaOH 溶液，因为苯甲酸在碱性溶液中不能被蒸馏出来。

【思考题】

1. 在处理样品过程中加入 $K_2Cr_2O_7$ 和 H_2SO_4 的作用是什么？

2. 紫外分光光度法测定酱油中的防腐剂方法的优点是什么？

实验 3　磷钼蓝分光光度法测定水体中的磷

【实验目的】

1. 理解钼蓝法测定水体磷酸盐含量的原理。
2. 学习水样品测定前处理的方法。
3. 了解测定水体总磷的影响因素和形成稳定磷钼杂多蓝的条件。
4. 巩固对分光光度法的认识和分光光度计的使用方法。

【实验原理】

磷以多种形式存在于水体中，包括类似磷脂的有机磷和多种无机磷，比如正磷酸盐、焦磷酸盐（$Na_4P_2O_7$）和三聚磷酸盐（$Na_5P_3O_{10}$）等。有机磷结构较复杂，但它们一般都带有易断裂的 P＝O、P＝S 双键，在一定条件下和其他形式的无机磷都可以发生转化，以正磷酸盐形式存在。在正常的淡水系统中磷含量通常是有限的，如果水体中含有过量的磷，会造成水中藻类的过度繁殖，使水体富营养化，造成湖泊、河流的透明度降低，水质变坏而失去利用价值，因而测定水体中的磷含量对监控水质很重要。

磷的分析方法由 2 个步骤组成，第一步是用氧化剂将水样中不同形态的磷转化成正磷酸盐；第二步是测定正磷酸盐，从而求得水体中总磷含量 $\rho(mg \cdot L^{-1})$。

氧化剂有过硫酸钾、硝酸-硫酸、硝酸-高氯酸、过氧化氢等。本实验采用过硫酸钾氧化。在微沸中性环境下，过硫酸钾分解产生氧，发生如下反应：

$$K_2S_2O_8 + H_2O = 2KHSO_4 + \frac{1}{2}O_2\uparrow$$

可以将水中各种形态的磷氧化为正磷酸盐。

$$P(\text{有机磷及缩合磷酸盐}) + 2O_2 \rightarrow PO_4^{3-}$$

在酸性条件下，正磷酸盐与钼酸铵反应生成黄色的磷钼杂多酸（锑盐为催化剂）。

$$PO_4^{3-} + 12MoO_4^{2-} + 27H^+ = H_7[P(Mo_2O_7)_6] + 10\ H_2O$$

由于生成的磷钼杂多酸的摩尔吸收系数小、灵敏度低，因此，用还原剂将其还原为低价钼蓝配合物，钼蓝浓度的多少与磷含量成正比。

$$H_7[P(Mo_2O_7)_6] + Sn^{2+} + H^+ = H_3PO_4 \cdot 10MoO_3 \cdot Mo_2O_5 + Sn^{4+} + 3H_2O$$

钼蓝颜色的深浅及稳定性与其他元素对反应的干扰有关，与所用还原剂的种类有关，反应酸度与试剂浓度也对反应有影响。钼蓝法最常用的还原剂是 $SnCl_2$。该方法灵敏度高，显色快，但是形成的蓝色稳定性差。现在经常用抗坏血酸作为还原剂，颜色稳定，易于控制。

【仪器与试剂】

722 型分光光度计，可调温电热板，容量瓶（50 mL、100 mL），烧杯（100 mL），移液管（10 mL），刻度吸量管（5 mL、10 mL），量筒（10 mL）。

$K_2S_2O_8$（50 g · L^{-1}），H_2SO_4（9 mol · L^{-1}），NaOH（1 mol · L^{-1}、6 mol · L^{-1}），酚酞（10 g · L^{-1}），95%的乙醇溶液。

钼酸盐溶液：溶解 13 g 钼酸铵[$(NH_4)_6Mo_7O_{24}\cdot 4H_2O$]于 100 mL 水中。溶解 0.35 g 酒石酸锑钾 [$KSbC_4H_4O_7\cdot 1/2H_2O$]于 100 mL 水中，在不断搅拌下把钼酸铵溶液缓缓加到 300 mL 9 mol · L^{-1} H_2SO_4 中，再加酒石酸锑钾溶液并混合均匀。

$SnCl_2$ 甘油溶液（2.5%）：称取 2.5 g $SnCl_2$ 加入 50 mL 浓 HCl，加热至完全溶解，得透明溶液，加 10 mL 水，再加 40 mL 丙三醇。

磷标准贮备溶液：称取 0.219 7±0.000 1 g 于 110℃烘箱烘干过 2 h 的磷酸二氢钾（KH_2PO_4），用水溶解后移至 1 000 mL 容量瓶中。加入大约 800 mL 水，加 5 mL 浓硫酸，用水稀释至标线并混匀。此溶液浓度为 $\rho(P)=50.0\ \mu g\cdot mL^{-1}$，稀释 10 倍后作为标准溶液。

【实验步骤】

1. 样品消解

取 25.00 mL 水样（取样量的多少由样品中 P 的多少确定）于 250 mL 锥形瓶中，加水至 50 mL，加数粒玻璃珠，加 1 mL 6 mol · L^{-1} H_2SO_4，5 mL 50 g · L^{-1} $K_2S_2O_8$。置于可调温电热板上加热至沸，保持微沸 30～40 min，至体积约 10 mL 为止。冷却后，加 1 滴酚酞，边摇边滴加 1 mol · L^{-1} NaOH 溶液至刚呈微红色，再滴加 1 mol · L^{-1} H_2SO_4 使红色刚好褪去。将溶液转移至 50 mL 容量瓶中，用水洗涤锥形瓶，洗涤液并入容量瓶，加水至刻度线备用。

2. 制作标准曲线及测定试样

取 8 只 50 mL 容量瓶，分别加入磷标准溶液[$\rho(P)=5.00\ \mu g\cdot mL^{-1}$] 0.00 mL、2.00 mL、4.00 mL、6.00 mL、8.00 mL、10.00 mL 于 1～6 号容量瓶中，再量取未知磷试液 10.00 mL 两份，分别放入 7、8 号容量瓶中，各加水至 25 mL 左右，再各加入钼酸铵溶液 2.5 mL，初步混匀，各瓶分别加 $SnCl_2$-甘油溶液 4 滴，加水稀释至

50 mL，充分摇匀后，放置 15 min。

3. 测定

使用光程为 1 cm 的比色皿，于 690 nm 波长处，以 1 号瓶中溶液为参比，测定各溶液的吸光度 A。

4. 绘制曲线

以 1～6 号瓶溶液的磷含量为横坐标，吸光度为纵坐标，绘制标准工作曲线。根据 7、8 号溶液吸光度，通过工作曲线求出未知液的磷含量。

【实验数据处理及讨论】

1. 数据记录。

编号	1	2	3	4	5	6	7	8
吸取磷溶液的体积/mL								
磷含量/($\mu g \cdot mL^{-1}$)								
吸光度 A								

2. 绘制标准工作曲线。

3. 计算样品原液中磷的含量(以每升水样含磷质量计量)。

【实验说明】

1. 本实验所有玻璃器皿应用稀盐酸或稀硝酸浸泡，减少总磷的空白值。

2. 实验用水尽量使用二次蒸馏水。

3. 本实验用过硫酸钾消解样品时，操作要仔细，否则带来较大分析误差。

4. 在钼酸铵溶液中，加入适量的酒石酸锑钾提高了显色的稳定度。显色后在 40 min 内完成测定。

【思考题】

1. 本实验为什么不能在所有试剂加毕后立即进行测定？

2. 本实验在测定时以什么为参比溶液？

3. 影响本实验显色和测定的因素有哪些？

实验 4　胃舒平药片中 Al_2O_3 含量的测定

【实验目的】

1. 理解配位滴定返滴定法的应用条件并掌握其基本操作。

2. 加深对配位滴定理论知识的理解，体会 pH 对金属离子配位反应的影响。

3. 学习实际样品采集和样品溶液的制备方法，掌握配位滴定终点的判断。

4. 分析样品测定中误差来源，提高解决实际问题的能力。

【实验原理】

胃舒平药片也称复方氢氧化铝，是由能中和胃酸的氢氧化铝和三硅酸镁两药合用，并且含有颠茄流浸膏、淀粉、滑石粉和液体石蜡等辅料。按药典规定每片药片含氢氧化铝 0.245 g、三硅酸镁 0.105 g。查表可知 $\lg K_f(AlY)-\lg K_f(MgY)>6$，因此药片中共存的镁元素不干扰铝的测定，但是在酸度不高时 Al^{3+} 会发生水解，而且 Al^{3+} 对指示剂二甲酚橙具有封闭作用，与 EDTA 的配位反应速度也较慢，所以通常采用返滴定法测定。即用 HCl 将药片溶解后，分离除去不溶物质，取上清液先加入过量且已知浓度的 EDTA 溶液，并调节 pH 为 3～4，煮沸使 EDTA 与铝离子充分反应，冷却后再调节 pH 为 5～6，以二甲酚橙为指示剂，用锌标准溶液返滴过量的 EDTA，即可测出铝的含量。

$$Al^{3+} + H_2Y^{2-}(\text{准确过量}) = AlY^- + 2H^+$$

$$H_2Y^{2-}(\text{剩余}) + Zn^{2+} = ZnY^{2-} + 2H^+$$

若铝的含量以 Al_2O_3 计，则：

$$\omega(Al_2O_3)=\frac{\frac{1}{2}[c(\text{EDTA})V(\text{EDTA})-c(Zn^{2+})V(Zn^{2+})]\times M(Al_2O_3)}{m(\text{样品})}$$

【仪器与试剂】

分析天平（0.000 1 g/分度），研钵，量筒（5 mL），烧杯（100 mL、500 mL），电加热板，漏斗架，玻璃漏斗，定性滤纸，容量瓶（100 mL、250 mL），酸式滴定管（50 mL），吸量管（5 mL），锥形瓶（250 mL）。

胃舒平药片，HCl（6 $mol \cdot L^{-1}$），EDTA 二钠盐（AR），六亚甲基四胺溶液（20%），纯锌粒（AR），氨水（1∶1），二甲酚橙指示剂（0.2%）。

【实验步骤】

1. 0.02 $mol \cdot L^{-1}$ Zn^{2+} 标准溶液的配制

准确称取纯金属锌 0.33 g 左右于 100 mL 小烧杯中，加入 5 mL 6 $mol \cdot L^{-1}$ HCl，立即盖上表面皿，待锌完全溶解后，加入少量水，将其转移至 250 mL 容量瓶中，用蒸馏水稀释至刻度，摇匀，计算出溶液的准确浓度。

2. 0.02 mol·L^{-1} EDTA 标准溶液的配制与标定

(1)称取 4 g 左右的 EDTA 二钠盐于 500 mL 烧杯中,加适量蒸馏水加热溶解,待完全冷却后,加水稀释至 500 mL,转入至塑料试剂瓶中,摇匀,备用。

(2)移取 25.00 mL Zn^{2+} 标准溶液于 250 mL 锥形瓶中,加 2 mL 6 mol·L^{-1} HCl 溶液,再加入 2 滴二甲酚橙指示剂,然后滴加六亚甲基四胺溶液直至溶液呈现紫红色,待颜色稳定后再加入 5 mL 六亚甲基四胺溶液,用 EDTA 标准溶液滴定至溶液恰好由紫红色转为亮黄色即为终点。记录使用的 EDTA 标准溶液的量,平行测定 3 次,计算 EDTA 溶液的准确浓度。相对极差不大于 0.3%。

3. 胃舒平样品的处理

取胃舒平药片 10 片,称取其质量,研磨成粉,过 40 目的筛子,准确称取 0.8 g 左右的药粉至小烧杯中,加入 8 mL 6 mol·L^{-1} HCl,加水到 40 mL,煮沸 3 min。在室温下冷却后过滤,收集滤液和洗涤液于 100 mL 容量瓶中,摇匀后备用。

4. 铝含量的测定

准确量取上述试液 5.00 mL 于锥形瓶中,加水至 25 mL 左右,准确加入 0.02 mol·L^{-1} EDTA 标准溶液 25.00 mL,摇匀,再加入二甲酚橙指示剂 2 滴,滴加 1∶1 氨水至溶液恰呈紫红色,然后滴加 6 mol·L^{-1} HCl 使溶液恰好为黄色,再过量 2 滴。将溶液煮沸 3 min 左右,冷却,再加入六亚甲基四胺溶液 10 mL,使溶液 pH 为 5~6,再补加二甲酚橙指示剂 2 滴,用 Zn^{2+} 标准溶液滴定至溶液由黄色突变为紫红色,且半分钟内不褪色即为终点。记录数据,平行测定 3 次,计算胃舒平药片中 Al_2O_3 的含量。

【实验数据处理及讨论】

EDTA 标准溶液的标定

项　目	次数		
	Ⅰ	Ⅱ	Ⅲ
$c(Zn^{2+})/(mol·L^{-1})$			
$V(Zn^{2+})/(mol·L^{-1})$			
V(EDTA)初读数/mL			
V(EDTA)终读数/mL			
V(EDTA)/mL			
c(EDTA)/(mol·L^{-1})			
$\bar{c}$(EDTA)/(mol·L^{-1})			
相对极差			

胃舒平药片中 Al_2O_3 含量的测定

项　目	滴定次数		
	Ⅰ	Ⅱ	Ⅲ
10 片胃舒平药片质量/g			
m(胃舒平药粉)/g			
$\bar{c}$(EDTA) /(mol · L^{-1})			
V(EDTA)/mL			
V(样品)/mL			
V(Zn^{2+})初读数/mL			
V(Zn^{2+})终读数/mL			
V(Zn^{2+})/mL			
ω(Al_2O_3)			
$\bar{\omega}$(Al_2O_3)			
每片胃舒平中 ω (Al_2O_3)			
每片胃舒平中$\bar{\omega}$(Al_2O_3)			
相对极差			

【实验说明】

1. 商品化的药片中每一片各组分含量不一定非常均匀，为使结果具有代表性，称取样品时要多取一些，研磨之后再分取一部分。

2. 本实验溶解样品之后，沉淀与溶液分离需要的时间较长，小心不要将滤纸弄破。

3. 六亚甲基四胺是多环杂环化合物，与金刚烷结构类似，可溶于水、乙醇等，加热易升华并分解，易燃。对皮肤有刺激性，可引起皮炎，奇痒。皮肤接触上应尽快用肥皂水或清水冲洗。药品应储存于阴凉通风的库房，远离火种、热源，与氧化剂、酸类分开存放。

【思考题】

1. 实验中为什么要称取大样混匀后，再取小部分试样进行测定？

2. 测定铝时为什么不采用直接滴定法？

3. 影响本次实验准确性的因素有哪些？

实验5 蛋壳中钙含量的测定（EDTA 滴定法和原子吸收分光光度法）

【实验目的】

1. 自拟蛋壳的预处理过程，确定蛋壳粉末的称量范围。

2. 设计 EDTA 滴定法和原子吸收分光光度法测定钙含量的方案。

3. 按照前面学过的分析记录格式作表，记录数据并进行数据计算处理。

4. 通过实验过程和数据的比较分析，总结比较两个方法的优缺点。

【实验提示】

1. 鸡蛋壳的主要成分是碳酸钙，其次是碳酸镁、蛋白质、色素及少量的 Fe、Al。

2. 蛋壳需要预处理（去掉壳上的蛋白膜）才能达到分析要求。

3. 蛋壳中钙主要以碳酸钙形式存在，同时也有碳酸镁，所以以 CaO 含量表示 Ca^{2+} 和 Mg^{2+} 的总量。

4. 两种实验方案。

(1)EDTA 滴定法。在 pH＝10.0 时，用铬黑 T 作指示剂，EDTA 可直接测定 Ca^{2+}、Mg^{2+} 的总量。测定时加入三乙醇胺掩蔽剂，消除 Fe^{3+}、Al^{3+} 离子对测量的干扰。

a. 鸡蛋壳的溶解。取一只鸡蛋壳洗净，取出内膜，烘干，研碎后称取一定量于小烧杯中。加入 10 mL 6 $mol \cdot L^{-1}$ 的 HCl，微火加热将其溶解。然后将小烧杯中的溶液转移到 250 mL 容量瓶中，定容摇匀。

b. 用移液管移取 25.00 mL 待测溶液于锥形瓶中，加入指示剂、掩蔽剂，调节 pH，用 EDTA 标准溶液滴定至溶液由酒红色变为纯蓝色为终点，重复滴定 3 次，记录消耗 EDTA 溶液的体积。

(2)原子吸收分光光度法。标准曲线法是原子吸收分光光度分析中最常用的定量方法：首先配制一系列标准溶液，用原子吸收分光光度计测定各标准溶液的吸光度(A)，得到 A-c（浓度）的标准曲线，然后测定试液的吸光度，通过 A-c 曲线得到待测组分的含量。

a. 配制钙标准溶液系列，备用。

b. 配制试样溶液：准确移取 5.00 mL 250 mL 容量瓶中的钙离子溶液于 25 mL 容量瓶中，用蒸馏水稀释至刻度摇匀备用。

c. 用原子吸收分光光度计测量，通过钙标准工作曲线求得试样中钙。

说明：试样中有少量不溶物（如蛋白质之类）不影响测定。

【实验步骤及数据表格处理】

自行设计方案测定蛋壳中钙的含量。要求：

1. 根据实验提示查阅参考文献。

2. 设计合理的不同实验方案。蛋壳中钙的含量测定除前所述外还有多种方法，比如酸碱滴定法、氧化还原滴定法等。

3. 根据所选的实验方案，进行数据处理，完成完整的实验报告。

【结果与讨论】

分析比较两种方法的优缺点。

【思考题】

1. 如何确定蛋壳粉末的称量范围？

2. 蛋壳粉末溶解稀释时为什么会有泡沫产生？怎样消除泡沫？

实验 6　水样中化学需氧量(COD)的测定

【实验目的】

1. 了解测定化学需氧量(COD)的意义。

2. 掌握酸性高锰酸钾法和重铬酸钾法测定水中 COD 的分析方法。

3. 比较两种方法的优缺点。

【实验提示】

化学需氧量 COD，是衡量水体受还原性物质污染程度的综合性指标，是指水体中易被强氧化剂氧化的还原性物质所消耗的氧化剂的量，换算成相应氧量（$mg \cdot L^{-1}$）来表示。水体中还原性物质包括有机物、亚硝酸盐、亚铁盐、硫化物等，其中主要的是有机物。因此，COD 往往作为衡量水中有机物质含量多少的指标，COD 值越高，说明水体受污染越严重。但 COD 只能反映能被氧化的有机物污染，不能反映多环芳烃的污染状况。而且由于水中各种有机物进行化学氧化反应的难易程度不同，因此 COD 只表示在规定条件下，水中可被氧化物质的需氧量的总和。

地表水环境质量标准 GB3838—2002 中规定，在Ⅰ～Ⅴ类水域中，Ⅰ类和Ⅱ类水化学需氧量(COD)≤15 $mg \cdot L^{-1}$、Ⅲ类水化学需氧量(COD)≤20 $mg \cdot L^{-1}$、Ⅳ类水化学需氧量(COD)≤30 $mg \cdot L^{-1}$、Ⅴ类水化学需氧量(COD)≤40 $mg \cdot L^{-1}$。

水样中化学需氧量的测定可以因为加入氧化剂的种类和浓度、反应的时间和温度以及是否有催化剂而得到不同的结果。具体方法有酸性高锰酸钾法、碱性高锰酸钾法和重铬酸钾法。对于污染较严重的水样或工业废水，一般采用重铬酸钾法(COD_{Cr})。对于一般水样，如地表水、地面水、饮用水和生活污水等，可以采用高锰酸钾法(COD_{Mn})。

高锰酸钾法是在规定的条件下进行反应，所以水中有机物只能部分被氧化，并不是理论上的全部的需氧量，也不能反映水体中总有机物的含量，所以常用"高锰酸盐指数"这一术语作为水质的一项指标，它有别于重铬酸钾法测定的 COD。

酸性高锰酸钾法：在酸性条件下，向被测水样中加入过量的高锰酸钾溶液，加热至沸，溶液沸腾 5 min，使高锰酸钾与水样中还原性物质充分氧化，然后准确加入定量的草酸标准溶液，与未反应的高锰酸钾充分反应，再用高锰酸钾标准溶液返滴过量的草酸溶液，通过计算得出水样的化学需氧量。反应方程式如下：

$$4MnO_4^- + 5C + 12H^+ = 4Mn^{2+} + 5CO_2\uparrow + 6H_2O$$

$$2MnO_4^- + 5H_2C_2O_4 + 6H^+ = 2Mn^{2+} + 10CO_2\uparrow + 8H_2O$$

重铬酸钾法：在强酸介质下，水样中加入已知量的重铬酸钾溶液，并以银盐作催化剂，促进不易氧化的直链脂肪族化合物氧化，经沸腾回流后，过量的重铬酸钾以试亚铁灵为指示剂，用硫酸亚铁铵标准溶液滴定，根据消耗的硫酸亚铁铵的量换算成消耗氧的质量浓度。反应方程式如下：

$$Cr_2O_7^{2-} + 14H^+ + 6e = 2Cr^{3+} + 7H_2O$$

$$Cr_2O_7^{2-} + 6Fe^{2+} + 14H^+ = 2Cr^{3+} + 6Fe^{3+} + 7H_2O$$

【实验步骤及数据表格处理】

自行设计方案测定水体的 COD。要求：

1. 根据实验提示查阅参考文献。
2. 自行采集水样，标明采样的时间和地点。
3. 设计合理的不同实验方案。
4. 根据所选的实验方案，分组按照不同的方案进行实验，独立完成数据处理和实验报告。

【结果与讨论】

1. 分析不同方法测定化学需氧量的优缺点。
2. 所设计的方法实施过程中影响准确度和精密度的因素是什么？

【思考题】

1. 取样测试的体积对实验结果有影响吗？为什么？
2. 可以采用哪些方法避免废水中的 Cl^- 对测定结果的影响？
3. 用重铬酸钾法测定时，加热回流对试剂的加入量有何要求？

实验 7 食用盐中碘含量的测定

【实验目的】

1. 了解食用盐中添加碘的意义和国家允许的添加范围。
2. 通过实验掌握食盐中碘含量的测定原理和方法。
3. 巩固滴定分析操作。

【实验提示】

碘是人类生活中不可缺少的微量元素，如果碘缺乏会使人反应迟钝、没有活力、甲状腺肿大等。人们通常从食物中获取碘，但在土壤含碘量低的地区，从食物中摄取碘的量极低，不能满足人们每天摄入碘的需求。所以，国家强制将碘元素加入食盐中，以达到补充碘的目的。我国目前碘盐中加入的主要是 KIO_3，在初期加入的是 KI，虽然含碘量高，但是 KI 不稳定，易被氧化。KIO_3 与之比较含碘量虽然低，但是稳定。而且补碘不可过量，过量依然可以引起甲状腺疾病。因而食用盐中碘含量是否符合国家的要求，直接与人们的健康相关，检测食用盐中的碘含量是很必要的。

食用盐中碘含量的测定方法很多，常用滴定法（碘量法）和分光光度法。

碘量法是比较成熟的方法，准确度高，但操作繁琐。其原理是在酸性介质中 I^- 经饱和溴水 Br_2 氧化为 IO_3^-，过量的 Br_2 用 HCOONa 除去。再加入过量的 KI，使样品中原有的和新生成的 IO_3^- 被还原析出 I_2，然后用 $Na_2S_2O_3$ 标准溶液滴定。根据 $Na_2S_2O_3$ 标准溶液消耗的量计算碘含量。

其反应式如下：

$$I^- + 3Br_2 + 3H_2O = IO_3^- + 6H^+ + 6Br^-$$

$$Br_2 + HCOO^- + H_2O = CO_3^{2-} + 3H^+ + 2Br^-$$

$$IO_3^- + 5I^- + 6H^+ = 3I_2 + 3H_2O$$

$$I_2 + 2S_2O_3^{2-} = 2I^- + S_4O_6^{2-}$$

淀粉-碘蓝分光光度法，与碘量法的原理基本相同，只是用分光光度计检测 I_2。

在酸性介质中，IO_3^- 氧化析出 I_2，I_2 遇淀粉变蓝，蓝色在 570 nm 处有吸收峰，且吸光度与 I_2 的量成正比，从而可以依据标准曲线求出食用盐中的碘含量。

类似的还有褪色分光光度法，在酸性介质中 IO_3^- 能定量地氧化某些物质，如钙羧酸钠、溴邻苯三酚等，使其褪色，溶液颜色的深浅与 IO_3^- 含量成反比，通过绘制标准曲线可求出碘含量。

【实验步骤及数据表格处理】

自行设计方案测定食用盐中碘的含量。要求：

1. 根据实验提示查阅参考文献。
2. 比较各种实验方法的优缺点，设计适宜的实验方案。
3. 根据所选的实验方案，进行数据处理，完成完整的实验报告。

【结果与讨论】

1. 食用盐为什么要加碘？
2. 设计定性实验，说明食盐中是否加入了 KIO_3。
3. 分析测定食用盐中的碘含量的实验结果偏低的原因。
4. 实验中用饱和溴水氧化 I^-，溴水加入过多或过少对实验有何影响？

实验 8　茶叶中微量元素的测定

【实验目的】

1. 学习利用原子吸收分光光度法测定微量元素。
2. 掌握原子吸收法测定不同元素条件的选择。
3. 掌握实际样品的湿法消解和干灰化技术。
4. 了解原子吸收分光光度计的构造。

【实验提示】

茶叶具有良好的保健功能，包含多种化合物，比如蛋白质、茶多酚、生物碱、氨基酸、维生素、碳水化合物，特别是含有 40 多种矿物质。主要是 K 和 P，占矿物质总量的 65%，Zn、Fe、Mn、Cu、Ca 相对是微量成分，对维护人体的免疫功能，正常的代谢功能起着重要的作用。另外还含有一些元素如 Pb、Cd 等对人体是有害的。检测茶叶的微量元素含量，对探讨微量元素对人体健康的影响有重要的意义。

目前检验茶叶中的微量元素有多种方法，利用配位滴定法可以测定 Ca、Mg，利用分光光度法可以测 Fe、利用原子吸收光度法可以测 Zn、Mn，利用荧光分析法可以测 Se。用途最广泛的是原子吸收光度法，可以通过控制条件，测定 Fe、Mn、Zn、Cu、Pb 等多种元素。

原子吸收分光光度法是指从光源中辐射出的待测元素的特征谱线通过样品的原子蒸气时，被蒸气中待测元素的基态原子吸收，使通过的光的强度减弱，根据光强变化的程度进行定量分析的一种方法。在一定浓度范围内，符合 Lambert-Beer 定律。当火焰的绝对温度低于 3 000 K 时，可以认为原子蒸气中基态原子的数目接近原子总数目。在固定的实验条件下，原子总数与样品浓度的比例是恒定的，因此 $A=K'c$。常采用标准曲线法和标准加入法进行分析。

原子吸收分光光度计由锐线光源、原子化器、单色器、检测器、信号处理等部分组成。其中锐线光源提供待测元素的特征光谱线，由空心阴极灯提供。一般空心阴极灯是单一元素的元素灯，因而分析不同元素时，必须换用不同元素的灯。原子化器能将样品中的被测元素转变为基态原子蒸气，原子化效率的高低直接影响测定的准确度。对于火焰型原子吸收光度计，可以通过改变灯电流的大小、燃烧器的高度、燃气流量等参数改变原子化率。所以实验过程中分析条件的选择是非常重要的。表 5-8-1 是部分元素测定的参数条件。

表 5-8-1 原子吸收分光光度法分析参考条件(TAS-986，北京普析通用仪器)

测定元素	波长/nm	灯电流/mA	狭缝/nm	乙炔流量/($mL \cdot min^{-1}$)
Mn	279.3	2.5	0.2	1 500
Cu	324.7	3	0.2	1 600
Fe	248.3	4	0.4	1 800
Zn	213.9	3	0.2	1 500
Pb	283.3	5	0.2	1 500

样品前处理的方法不同，测定的结果略有差异。“干灰化”法指样品在空气中置于坩埚中，在电热板上加热，将有机物氧化分解烧成灰，再将坩埚放入马弗炉中继续灰化若干小时后，用酸溶解，再依次分析各元素。“干灰化”的特点是操作简便，空白值低，有机物分解的彻底，但是需要高温和很长的时间。“湿法”消解是向样品中加入硫酸、硝酸或者高氯酸、过氧化氢等氧化剂，加热煮沸，使有机物分解氧化，呈气态蒸出，待测成分以无机态存在于消化液中。这种方法需要的时间短，样品分解的快。但是试剂用的种类和数量比较大，空白值高，消化时会产生大量的气泡，将被测样品带出。茶叶中微量元素的测定既可以采用“干灰化”法，也可以采用“湿法”消解。

【实验步骤及数据表格处理】

自行设计实验方案，测定茶叶中的 Mn、Cu、Fe、Zn、Pb 元素。要求：

1. 根据实验提示查阅相关的参考文献。

2. 设计合理的实验方案，用原子吸收的方法检测茶叶中的不同元素。采用两种消解样品的方法。

3. 根据所选的实验方案和所用的仪器型号，调试分析条件，进行相关的数据处理，完成实验报告。

【结果与讨论】

1. 试通过回收实验说明实验方法的可靠性。

2. 分析比较两种消解样品方法的优缺点。

【思考题】

1. 空心阴极灯的作用是什么？

2. 本实验为获得较好的原子化率，调节了哪些仪器参数？为什么？

3. 什么原因造成配制的样品溶液混浊？如何解决？

附　录

附录 1　相对原子质量

（1985 年）

元素		相对原子质量	元素		相对原子质量	元素		相对原子质量	元素		相对原子质量
符号	名称		符号	名称		符号	名称		符号	名称	
Ac	锕	[227]	Er	铒	167.26	Mn	锰	54.938 05	Ru	钌	101.07
Ag	银	107.868 2	Es	锿	[254]	Mo	钼	95.94	S	硫	32.066
Al	铝	26.981 54	Eu	铕	151.965	N	氮	14.006 74	Sb	锑	121.75
Am	镅	[243]	F	氟	18.998 40	Na	钠	22.989 77	Sc	钪	44.955 91
Ar	氩	39.948	Fe	铁	55.847	Nb	铌	92.906 38	Se	硒	78.96
As	砷	74.921 59	Fm	镄	[257]	Nd	钕	144.24	Si	硅	28.085 5
At	砹	[210]	Fr	钫	[223]	Ne	氖	20.179 7	Sm	钐	150.36
Au	金	196.966 54	Ga	镓	69.723	Ni	镍	58.69	Sn	锡	118.710
B	硼	10.811	Gd	钆	157.25	No	锘	[254]	Sr	锶	87.62
Ba	钡	137.327	Ge	锗	72.61	Np	镎	237.048 2	Ta	钽	180.947 9
Be	铍	9.012 18	H	氢	1.007 94	O	氧	15.999 4	Tb	铽	158.925 34
Bi	铋	208.980 37	He	氦	4.002 60	Os	锇	190.2	Tc	锝	98.906 2
Bk	锫	[247]	Hf	铪	178.49	P	磷	30.973 76	Te	碲	127.60
Br	溴	79.904	Hg	汞	200.59	Pa	镤	231.035 88	Th	钍	232.038 1
C	碳	12.011	Ho	钬	164.930 32	Pb	铅	207.2	Ti	钛	47.88
Ca	钙	40.078	I	碘	126.904 47	Pd	钯	106.42	Tl	铊	204.383 3
Cd	镉	112.411	In	铟	114.82	Pm	钷	[145]	Tm	铥	168.934 21
Ce	铈	140.115	Ir	铱	192.22	Po	钋	[～210]	U	铀	238.028 9
Cf	锎	[251]	K	钾	39.098 3	Pr	镨	140.907 65	V	钒	50.941 5
Cl	氯	35.452 7	Kr	氪	83.80	Pt	铂	195.08	W	钨	183.85
Cm	锔	[247]	La	镧	138.905 5	Pu	钚	[244]	Xe	氙	131.29
Co	钴	58.933 20	Li	锂	6.941	Ra	镭	226.025 4	Y	钇	88.905 85
Cr	铬	51.996 1	Lr	铹	[257]	Rb	铷	85.467 8	Yb	镱	173.04
Cs	铯	132.905 43	Lu	镥	174.967	Re	铼	186.207	Zn	锌	65.39
Cu	铜	63.546	Md	钔	[256]	Rh	铑	102.905 50	Zr	锆	91.224
Dy	镝	162.50	Mg	镁	24.305 0	Rn	氡	[222]			

附录 2 常见化合物摩尔质量

g · mol^{-1}

化合物	摩尔质量	化合物	摩尔质量	化合物	摩尔质量
Ag_3AsO_4	462.53	$CdCO_3$	172.41	HCl	36.46
AgBr	187.78	$CdCl_2$	183.33	H_2CO_3	62.03
AgCl	143.32	CdS	144.47	$H_2C_2O_4 \cdot 2H_2O$	126.07
AgCN	133.89	$Ce(SO_4)_2$	332.24	HF	20.01
Ag_2CrO_4	331.73	$CoCl_2$	129.84	HI	127.91
AgI	234.77	CoS	90.99	HIO_3	175.61
$AgNO_3$	169.87	$CoSO_4$	154.99	HNO_3	63.02
AgSCN	165.95	$CrCl_3$	158.36	H_2O	18.02
$AlCl_3$	133.33	Cr_2O_3	151.99	H_2O_2	34.02
Al_2O_3	101.96	CuCl	99.00	H_3PO_4	97.99
$Al(OH)_3$	78.00	$CuCl_2$	134.45	H_2S	34.08
$Al_2(SO_4)_3$	342.17	CuI	190.45	H_2SO_4	98.09
As_2O_3	197.84	CuO	79.55	$HgCl_2$	271.50
As_2O_5	229.84	Cu_2O	143.09	Hg_2Cl_2	472.09
As_2S_3	246.05	CuS	95.62	HgI_2	454.40
$BaCO_3$	197.31	$CuSO_4$	159.62	HgO	216.59
BaC_2O_4	225.32	$CO(NH_2)_2$	60.05	HgS	232.65
$BaCl_2$	208.25	CO_2	44.01	$HgSO_4$	296.67
$BaCl_2 \cdot 2H_2O$	244.37	$FeCl_3$	162.21	KBr	119.00
$BaCrO_4$	253.32	FeO	71.85	$KBrO_3$	167.00
$Ba(OH)_2$	171.35	Fe_2O_3	159.69	KCl	74.55
$BaSO_4$	233.37	$Fe(OH)_3$	106.88	K_2CO_3	138.21
$CaCl_2$	110.99	$FeSO_4 \cdot 7H_2O$	278.01	KCN	65.12
$CaCO_3$	100.09	$NH_4Fe(SO_4)_2 \cdot 12H_2O$	482.2	K_2CrO_4	194.19
CaC_2O_4	128.10	$FeSO_4 \cdot (NH_4)_2SO_4 \cdot 6H_2O$	392.14	$K_2Cr_2O_7$	294.18
CaO	56.08	H_3AsO_3	125.94	$KHC_2O_4 \cdot H_2C_2O_4 \cdot 2H_2O$	254.19
$Ca(OH)_2$	74.10	H_3AsO_4	141.94	KI	166.00
$Ca_3(PO_4)_2$	310.18	H_3BO_3	61.83	$KHC_8H_4O_4$(KHP)	204.22
$CaSO_4$	136.14	CH_3COOH	60.05	KIO_3	214.00

续表

化合物	摩尔质量	化合物	摩尔质量
$KMnO_4$	158.03	NH_3	17.03
KNO_3	101.10	NH_4Cl	53.49
K_2O	94.20	$(NH_4)_2CO_3$	96.09
KOH	56.11	$(NH_4)_2C_2O_4$	124.10
K_2SO_4	174.27	NH_4HCO_3	79.06
$MgCO_3$	84.32	$(NH_4)_2MoO_4$	196.01
$MgCl_2$	95.22	NH_4NO_3	80.04
MgC_2O_4	112.33	$(NH_4)_2HPO_4$	132.06
$MgNH_4PO_4$	137.32	$(NH_4)_2SO_4$	132.15
MgO	40.31	NH_4VO_3	116.98
$Mg(OH)_2$	58.33	$NiCl_2 \cdot 6H_2O$	237.69
$Mg_2P_2O_7$	222.55	$NiSO_4 \cdot 7H_2O$	280.87
$MgSO_4 \cdot 7H_2O$	246.49	P_2O_5	141.91
$MnCO_3$	114.95	$PbCl_2$	278.10
$MnCl_2 \cdot 4H_2O$	197.91	$PbCO_3$	267.21
MnO_2	86.94	$Pb_3(PO_4)_2$	811.54
MnS	87.01	$PbSO_4$	303.27
$MnSO_4 \cdot 4H_2O$	223.06	SO_2	64.07
Na_2CO_3	105.99	SiF_4	104.08
$Na_2C_2O_4$	134.00	SiO_2	60.08
CH_3COONa(NaAc)	82.03	$SnCl_2$	189.60
NaCl	58.44	$SnCl_4$	260.50
$NaHCO_3$	84.01	$SrCO_3$	147.63
$Na_2HPO_4 \cdot 12H_2O$	358.14	$SrCrO_4$	203.62
$Na_2H_2Y \cdot 2H_2O$	372.24	$SrSO_4$	183.68
$NaNO_3$	85.00	$ZnCO_3$	125.39
Na_2SO_4	142.05	$ZnCl_2$	136.29
NaOH	40.00	$ZnSO_4 \cdot 7H_2O$	287.57
$Na_2S_2O_3$	158.12	$ZnSO_4$	161.46
$Na_2B_4O_7 \cdot 10H_2O$	381.42		

附录3　常用基准物质的干燥条件和应用范围

基准物质		干燥后组成	干燥条件	标定对象
名称	化学式			
碳酸氢钠	$NaHCO_3$	Na_2CO_3	270～300℃	酸
碳酸钠	$Na_2CO_3\cdot10H_2O$	Na_2CO_3	270～300℃	酸
硼砂	$Na_2B_4O_7\cdot10H_2O$	$Na_2B_4O_7\cdot10H_2O$	放在含 NaCl 和蔗糖饱和水溶液的干燥器中	酸
碳酸氢钾	$KHCO_3$	K_2CO_3	270～300℃	酸
草酸	$H_2C_2O_4\cdot2H_2O$	$H_2C_2O_4\cdot2H_2O$	室温空气干燥	碱或 $KMnO_4$
邻苯二甲酸氢钾	$KHC_8H_4O_4$	$KHC_8H_4O_4$	110～120℃	碱
重铬酸钾	$K_2Cr_2O_7$	$K_2Cr_2O_7$	140～150℃	还原剂
溴酸钾	$KBrO_3$	$KBrO_3$	130℃	还原剂
碘酸钾	KIO_3	KIO_3	130℃	还原剂
铜	Cu	Cu	室温干燥器中保存	还原剂
三氧化二砷	As_2O_3	As_2O_3	室温干燥器中保存	氧化剂
草酸钠	$Na_2C_2O_4$	$Na_2C_2O_4$	130℃	氧化剂
碳酸钙	$CaCO_3$	$CaCO_3$	110℃	EDTA
锌	Zn	Zn	室温干燥器中保存	EDTA
氧化锌	ZnO	ZnO	900～1 000℃	EDTA
氯化钠	NaCl	NaCl	500～600℃	$AgNO_3$
氯化钾	KCl	KCl	500～600℃	$AgNO_3$
硝酸银	$AgNO_3$	$AgNO_3$	180～290℃	氯化物

附录 4　常用的酸碱溶液的相对密度和浓度

相对密度(15℃)	HCl 的浓度		HNO_3 的浓度		H_2SO_4 的浓度	
	g/100 g	mol/L	g/100 g	mol/L	g/100 g	mol/L
1.02	4.13	1.15	3.70	0.6	3.1	0.3
1.04	8.16	2.3	7.26	1.2	6.1	0.6
1.05	10.2	2.9	9.0	1.5	7.4	0.8
1.06	12.2	3.5	10.7	1.8	8.8	0.9
1.08	16.2	4.8	13.9	2.4	11.6	1.3
1.10	20.0	6.0	17.1	3.0	14.4	1.6
1.12	23.8	7.3	20.2	3.6	17.0	2.0
1.14	27.7	8.7	23.3	4.2	19.9	2.3
1.15	29.6	9.3	24.8	4.5	20.9	2.5
1.19	37.2	12.2	30.9	5.8	26.0	3.2
1.20			32.3	6.2	27.3	3.4
1.25			39.3	7.9	33.4	4.3
1.30			47.5	9.8	39.2	5.2
1.35			55.8	12.0	44.8	6.2
1.40			65.3	14.5	50.1	7.2
1.42			69.8	15.7	52.2	7.6
1.45					55.0	8.2
1.50					59.8	9.2
1.55					64.3	10.2
1.60					68.7	11.2
1.65					73.0	12.3
1.70					77.2	13.4
1.84					95.6	18.0

相对密度(15℃)	NH_3 的浓度		NaOH 的浓度		KOH 的浓度	
	g/100 g	mol/L	g/100 g	mol/L	g/100 g	mol/L
0.88	35.0	18.0				
0.90	28.3	15				
0.91	25.0	13.4				
0.92	21.8	11.8				
0.94	15.6	8.6				
0.96	9.9	5.6				
0.98	4.8	2.8				
1.05			4.5	1.25	5.5	1.0
1.10			9.0	2.5	10.9	2.1
1.15			13.5	3.9	16.1	3.3
1.20			18.0	5.4	21.2	4.5
1.25			22.5	7.0	26.1	5.8
1.30			27.0	8.8	30.9	7.2
1.35			31.8	10.7	35.5	8.5

附录 5　常用弱酸及弱碱的离解常数表

（18～25℃）

名称	化学式	$K_a(K_b)$	$pK_a(pK_b)$
亚砷酸	$HAsO_2$	$K_1 6.0\times10^{-10}$	9.22
砷酸	H_3AsO_4	$K_1 6.5\times10^{-3}$	2.19
		$K_2 1.15\times10^{-7}$	6.94
		$K_3 3.2\times10^{-12}$	11.50
硼酸	H_3BO_3	$K_1 5.8\times10^{-10}$	9.24
碳酸	H_2CO_3	$K_1 4.2\times10^{-7}$	6.38
		$K_2 5.6\times10^{-11}$	10.25
氢氰酸	HCN	4.9×10^{-10}	9.31
铬酸	H_2CrO_4	$K_1 1.8\times10^{-1}$	0.74
		$K_2 3.2\times10^{-7}$	6.49
氢氟酸	HF	6.8×10^{-4}	3.17
氢硫酸	H_2S	$K_1 8.9\times10^{-8}$	7.05
		$K_2 1.2\times10^{-13}$	12.92
亚硝酸	HNO_2	4.6×10^{-4}	3.33
过氧化氢	H_2O_2	2.4×10^{-12}	11.62
磷酸	H_3PO_4	$K_1 6.9\times10^{-3}$	2.16
		$K_2 6.23\times10^{-8}$	7.21
		$K_3 4.8\times10^{-13}$	12.32
焦磷酸	$H_4P_2O_7$	$K_1 3.0\times10^{-2}$	1.52
		$K_2 4.4\times10^{-3}$	2.36
		$K_3 2.5\times10^{-7}$	6.60
		$K_4 5.6\times10^{-10}$	9.25
偏硅酸	H_2SiO_3	$K_1 1.7\times10^{-10}$	9.77

续表

名称	化学式	$K_a(K_b)$	$pK_a(pK_b)$
		K_2 1.6×10^{-12}	11.80
硫酸	H_2SO_4	K_2 1.2×10^{-2}	1.92
亚硫酸	H_2SO_3	K_1 1.29×10^{-2}	1.89
		K_2 6.3×10^{-7}	6.20
甲酸(蚁酸)	HCOOH	1.7×10^{-4}	3.77
醋酸	CH_3COOH	1.79×10^{-5}	4.75
抗坏血酸	$C_6H_8O_6$	K_1 6.8×10^{-5}	4.17
		K_2 2.8×10^{-12}	11.56
草酸	$H_2C_2O_4 \cdot 2H_2O$	K_1 5.6×10^{-2}	1.25
		K_2 5.1×10^{-5}	4.29
水杨酸	$C_6H_4OH \cdot COOH$	K_1 1.3×10^{-3}	2.89
		K_2 8×10^{-14}	13.1
磺基水杨酸	$C_6H_3SO_3H \cdot OH \cdot COOH$	K_2 3×10^{-3}	2.5
		K_3 3×10^{-12}	11.5
酒石酸	$H_2C_4H_4O_6$	K_1 9.1×10^{-4}	3.04
		K_2 4.3×10^{-5}	4.37
邻苯二甲酸	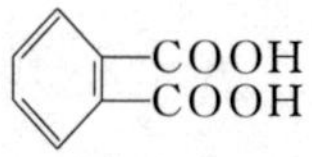	K_1 1.1×10^{-3}	2.95
		K_2 3.9×10^{-6}	5.41
柠檬酸	$H_3OHC_6H_4O_6$	K_1 7.4×10^{-4}	3.13
		K_2 1.8×10^{-5}	4.74
		K_3 4.0×10^{-7}	6.40

续表

名称	化学式	$K_a(K_b)$	$pK_a(pK_b)$
苹果酸	$COOH \cdot CHOHCH_2COOH$	$K_1\ 4.0\times10^{-4}$	3.40
		$K_2\ 8.9\times10^{-6}$	5.05
苯甲酸	C_6H_5COOH	6.2×10^{-5}	4.20
乳酸	$CH_3CHOHCOOH$	1.4×10^{-4}	3.86
乙二胺四乙酸(EDTA)	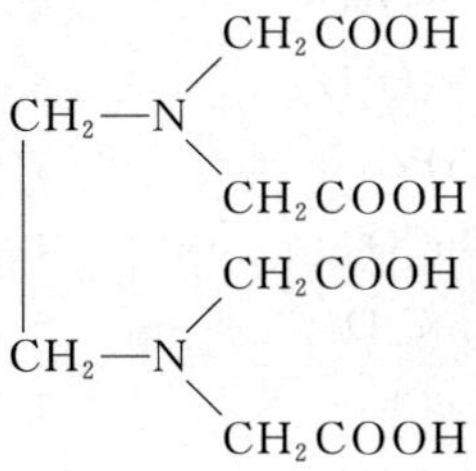	$K_1\ 1.3\times10^{-1}$ $K_2\ 3\times10^{-2}$ $K_3\ 8.5\times10^{-3}$ $K_4\ 1.8\times10^{-3}$	0.9 1.52 2.07 2.74
二乙三胺五乙酸(DTPA)	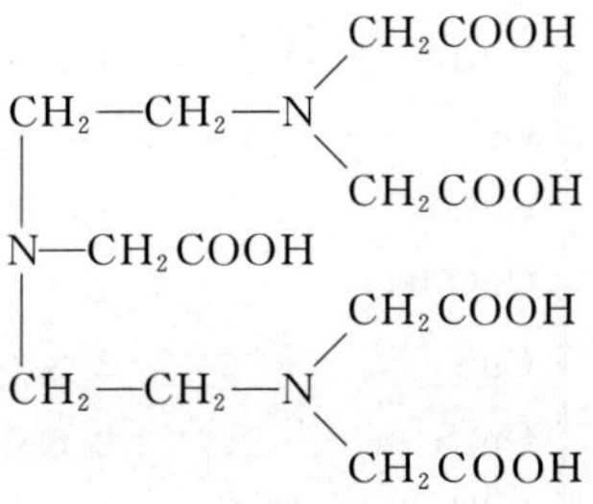	$K_1\ 1.29\times10^{-2}$ $K_2\ 1.62\times10^{-3}$ $K_3\ 5.13\times10^{-5}$ $K_4\ 2.46\times10^{-9}$ $K_5\ 3.81\times10^{-11}$	1.89 2.79 4.29 8.61 10.42
8-羟基喹啉	C_9H_6NOH	$K_1\ 8\times10^{-6}$	5.1
		$K_2\ 1\times10^{-10}$	10
氨水	$NH_3 \cdot H_2O$	1.8×10^{-5}	4.74
甲胺	CH_3NH_2	4.2×10^{-4}	3.38
乙胺	$CH_3CH_2NH_2$	4.3×10^{-4}	3.37
三乙醇胺	$(HOCH_2CH_2)_3N$	5.8×10^{-7}	6.24
六亚甲基四胺	$(CH_2)_6N_4$	1.4×10^{-9}	8.85

附录 6　难溶化合物的溶度积常数表

（18～25℃）

难溶化合物	K_{sp}	pK_{sp}	难溶化合物	K_{sp}	pK_{sp}
$Ag[Ag(CN)_2]$	7.2×10^{-11}	10.14	$Ca(OH)_2$	5.5×10^{-6}	5.26
AgBr	4.95×10^{-13}	12.31	$Ca_3(PO_4)_2$	2×10^{-29}	28.7
Ag_2CO_3	8.1×10^{-12}	11.09	$CaSO_4$	9.1×10^{-6}	5.04
$Ag_2C_2O_4$	3.4×10^{-11}	10.46	$CdCO_3$	5.2×10^{-12}	11.28
AgSCN	1.0×10^{-12}	12.0	$Cr(OH)_2$	2×10^{-16}	15.7
AgCl	1.77×10^{-10}	9.75	$Cr(OH)_3$	6.3×10^{-31}	30.2
Ag_2CrO_4	1.12×10^{-12}	11.95	$CrPO_4$	1×10^{-17}	17.0
$Ag_2Cr_2O_7$	2×10^{-7}	6.7	$CuCO_3$	1.4×10^{-10}	9.86
AgI	8.3×10^{-16}	16.08	CuC_2O_4	2.3×10^{-8}	7.64
AgOH	2.0×10^{-8}	7.71	CuCl	1.2×10^{-6}	5.92
Ag_3PO_4	1.4×10^{-16}	15.84	CuSCN	4.8×10^{-15}	14.32
Ag_2S	6.3×10^{-50}	49.2	$CuCrO_4$	3.6×10^{-6}	5.44
Ag_2SO_4	1.4×10^{-5}	4.84	$Cu_2[Fe(CN)_6]$	1.3×10^{-16}	15.89
$AlAsO_4$	1.6×10^{-16}	15.8	CuI	1.1×10^{-12}	11.96
$Al(OH)_3$	1.3×10^{-33}	32.9	CuOH	1×10^{-14}	14.0
$AlPO_4$	6.3×10^{-19}	18.24	$Cu(OH)_2$	2.2×10^{-20}	19.66
Al-8-羟基喹啉	1.0×10^{-29}	29.0	CuS	6.3×10^{-36}	35.2
As_2S_3	2.1×10^{-22}	21.68	Cu_2S	2.5×10^{-48}	47.6
$Ba_3(AsO_4)_2$	8×10^{-51}	50.1	$CdC_2O_4\cdot3H_2O$	9.1×10^{-8}	7.04
$BaCO_3$	8.1×10^{-9}	8.09	$Cd_2[Fe(CN)_6]$	3.2×10^{-17}	16.49
BaC_2O_4	1.6×10^{-7}	6.80	$Cd(OH)_2$(新沉淀)	2.2×10^{-14}	13.66
$BaCrO_4$	1.2×10^{-10}	9.93	$Cd(OH)_2$(陈化)	5.9×10^{-15}	14.23
BaF_2	1.0×10^{-6}	5.98	CdS	8×10^{-27}	26.1
$Ba(OH)_2$	5×10^{-3}	2.3	$CoCO_3$	1.4×10^{-13}	12.84
$BaSO_4$	1.1×10^{-10}	9.96	$Co_2[Fe(CN)_6]$	1.8×10^{-15}	14.74
$Ca_3(AsO_4)_2$	6.8×10^{-19}	18.2	$Co(OH)_2$(蓝、新鲜)	1.6×10^{-14}	13.8
$CaCO_3$	2.8×10^{-9}	8.54	$Co(OH)_2$(红、陈化)	5×10^{-16}	15.3
$CaC_2O_4\cdot2H_2O$	2.5×10^{-9}	8.6	$Co(OH)_3$	1.6×10^{-44}	43.8
CaF_2	2.7×10^{-11}	10.57	$CoS(\alpha)$	4.0×10^{-21}	20.4
$CaHPO_4$	1×10^{-7}	7.0	$CoS(\beta)$	2.0×10^{-25}	24.7

续表

难溶化合物	K_{sp}	pK_{sp}	难溶化合物	K_{sp}	pK_{sp}
$FeCO_3$	3.2×10^{-11}	10.5	$Mn(OH)_2$	1.9×10^{-13}	12.72
FeC_2O_4	3.2×10^{-7}	6.5	MnS(浅红)	2.5×10^{-10}	9.6
$Fe_4[Fe(CN)_6]_3$	3.3×10^{-41}	40.5	MnS(绿)	2.5×10^{-13}	12.60
$Fe(OH)_2$	3.7×10^{-15}	14.43	$PbCO_3$	7.4×10^{-14}	13.13
$Fe(OH)_3$	1.1×10^{-36}	35.96	PbC_2O_4	4.8×10^{-10}	9.32
$FePO_4$	1.3×10^{-22}	21.9	$PbCl_2$	1.6×10^{-5}	4.79
FeS	6.3×10^{-18}	17.2	$PbCrO_4$	2.8×10^{-13}	12.55
Fe_2S_3	1×10^{-38}	38.0	PbF_2	2.7×10^{-8}	7.57
Hg_2CO_3	8.9×10^{-17}	16.1	$PbHPO_4$	1.3×10^{-10}	9.9
$Hg_2C_2O_4$	2×10^{-13}	12.7	PbI_2	7.1×10^{-9}	8.15
$Hg_2(CN)_2$	5×10^{-40}	39.3	$Pb(OH)_2$	1.2×10^{-15}	14.93
$Hg_2(SCN)_2$	2×10^{-20}	19.7	$Pb_3(PO_4)_2$	8×10^{-43}	42.1
Hg_2Cl_2	2.0×10^{-18}	17.70	PbS	1.1×10^{-28}	27.96
$HgCrO_4$	2×10^{-9}	8.7	$PbSO_4$	1.6×10^{-8}	7.79
$(Hg_2)_3[Fe(CN)_6]_2$	8.5×10^{-21}	20.07	$Sn(OH)_2$	1.4×10^{-28}	27.85
$Hg_2(OH)_2$	2×10^{-24}	23.7	$Sn(OH)_4$	1×10^{-56}	56.0
$Hg(OH)_2$	3×10^{-26}	25.52	SnS	1×10^{-25}	25.0
HgS(红)	4×10^{-53}	52.4	$SrCO_3$	1.1×10^{-10}	9.96
HgS(黑)	1.6×10^{-52}	51.8	SrC_2O_4	6.3×10^{-8}	7.2
Hg_2SO_4	1×10^{-17}	17.0	$SrCrO_4$	2.2×10^{-5}	4.65
$K[B(C_6H_5)_4]$	2.2×10^{-8}	7.65	$Sr_3(PO_4)_2$	4×10^{-28}	27.4
$KHC_4H_4O_6$	3.0×10^{-4}	3.52	$SrSO_4$	3.2×10^{-7}	6.49
$K_2NaCo(NO_2)_6$	2.2×10^{-11}	10.66	SrF_2	2.5×10^{-9}	8.61
$MgCO_3$	2.6×10^{-5}	4.58	$ZnCO_3$	1.4×10^{-11}	10.84
MgC_2O_4	8.6×10^{-5}	4.07	ZnC_2O_4	2.7×10^{-8}	7.56
MgF_2	6.5×10^{-9}	8.19	$Zn_2[Fe(CN)_6]$	4.0×10^{-16}	15.4
$MgNH_4PO_4$	2.5×10^{-13}	12.6	$Zn[Hg(SCN)_4]$	2.2×10^{-7}	6.66
$Mg(OH)_2$	5×10^{-12}	11.3	$Zn(OH)_2$	1.2×10^{-17}	16.92
Mg-8-羟基喹啉	4×10^{-16}	15.4	$Zn_3(PO_4)_2$	9.0×10^{-33}	32.05
$MuCO_3$	1.8×10^{-11}	10.74	ZnS(α)	1.6×10^{-24}	23.8
$MnC_2O_4\cdot2H_2O$	1.1×10^{-15}	14.96	ZnS(β)	2.5×10^{-22}	21.6
$Mn_2[Fe(CN)_6]$	8×10^{-13}	12.1	Zn-8-羟基喹啉	5×10^{-25}	24.3

附录 7　一些配合物的形成常数表

（18～25℃）

配合物	$\lg K_f$	配合物	$\lg K_f$	配合物	$\lg K_f$
$[AgCl_4]^{3-}$	5.31	$[Co(NH_3)_6]^{3+}$	35.2	$[Fe(C_2O_4)_3]^{3-}$	20.2
$[AgBr_4]^{3-}$	9.20	$[Co(C_2O_4)_3]^{4-}$	9.7	$[HgCl_4]^{2-}$	16.21
$[AgI_4]^{3-}$	13.75	$[Co(C_2O_4)_3]^{3-}$	～20	$[HgBr_4]^{2-}$	21.0
$[Ag(CN)_2]^-$	21.10	CrF_3	10.29	$[HgI_4]^{2-}$	20.83
$[Ag(SCN)_2]^-$	7.57	$[Cr(SCN)_2]^+$	3.0	$[Hg(CN)_4]^{2-}$	41.4
$[AgC_2O_4]^-$	2.41	$[CuCl_3]^{2-}$	5.7	$[Hg(SCN)_4]^{2-}$	21.23
$[Ag(NH_3)_2]^+$	7.03	$[CuBr_2]^-$	5.89	$[Hg(NH_3)_4]^{2+}$	19.4
$[Ag(S_2O_3)_2]^{3-}$	13.46	$[CuI_2]^-$	8.76	$[Hg(S_2O_3)_4]^{6-}$	33.24
$[AlF_6]^{3-}$	19.84	$[Cu(CN)_4]^{3-}$	30.3	$[Hg(C_2O_4)_2]^{2-}$	6.98
$[Al(C_2O_4)_3]^{3-}$	16.3	$[Cu(SCN)_2]^-$	5.18	$[Mg(C_2O_4)_2]^{2-}$	4.38
$[CdCl_4]^{2-}$	2.8	$[Cu(NH_2)_2]^+$	10.8	$[MnF]^+$	5.48
$[CdBr_4]^{2-}$	3.7	$[Cu(NH_3)_4]^{2+}$	12.67	$[Mn(C_2O_4)_3]^{4-}$	19.4
$[CdI_4]^{2-}$	6.49	$[Cu(S_2O_3)_3]^{5-}$	13.84	$[PbBr_4]^{2-}$	3.0
$[Cd(CN)_4]^{2-}$	18.85	FeF_3	12.06	$[PbI_4]^{2-}$	4.47
$[Cd(SCN)_4]^{2-}$	3.6	$[Fe(F_5)]^{2-}$	15.77	$[Pb(CN)_4]^{2-}$	10
$[Cd(NH_3)_4]^{2+}$	7.12	$[Fe(CN)_6]^{4-}$	35	$[Pb(S_2O_3)_3]^{4-}$	6.35
$[Cd(S_2O_3)_2]^{2-}$	6.44	$[Fe(CN)_6]^{3-}$	42	$[Pb(C_2O_4)_2]^{2-}$	6.54
$[Cd(C_2O_4)_2]^{2-}$	5.77	$Fe(SCN)_3$	5.64	$[Zn(CN)_4]^{2-}$	16.7
$[Co(CN)_4]^{2-}$	19.1	$[Fe(SCN)_5]^{2-}$	6.4	$[Zn(NH_3)_4]^{2+}$	9.46
$[Co(SCN)_4]^{2-}$	3.0	$[FeHPO_4]^+$	9.35	$[Zn(C_2O_4)_3]^{4-}$	8.15
$[Co(NH_3)_6]^{2+}$	5.11	$[Fe(C_2O_4)_3]^{4-}$	5.2		

附录 8　常用缓冲溶液的配制

1. 邻苯二甲酸-盐酸缓冲液（0.05 mol/L）

X mL 0.2 mol/L 邻苯二甲酸氢钾＋*Y* mL 0.2 mol/L HCl，再加水稀释至20 mL。

pH(20℃)	*X*	*Y*	pH(20℃)	*X*	*Y*
2.2	5	4.670	3.2	5	1.470
2.4	5	3.960	3.4	5	0.990
2.6	5	3.295	2.6	5	0.597
2.8	5	2.642	3.8	5	0.263
3.0	5	2.032			

邻苯二甲酸氢钾分子量＝204.23。0.2 mol/L 邻苯二甲酸氢钾溶液含 40.85 g/L。

2. 柠檬酸-柠檬酸钠缓冲液（0.1 mol/L）

pH	0.1 mol/L 柠檬酸/mL	0.1 mol/L 柠檬酸钠/mL	pH	0.1 mol/L 柠檬酸/mL	0.1 mol/L 柠檬酸钠/mL
3.0	18.6	1.4	5.0	8.2	11.8
3.2	17.2	2.8	5.2	7.3	12.7
3.4	16.0	4.0	5.4	6.4	13.6
3.6	14.9	5.1	5.6	5.5	14.5
3.8	14.0	6.0	5.8	4.7	15.3
4.0	13.1	6.9	6.0	3.8	16.2
4.2	12.3	7.7	6.2	2.8	17.2
4.4	11.4	8.6	6.4	2.0	18.0
4.6	10.3	9.7	6.6	1.4	18.6
4.8	9.2	10.8			

柠檬酸：$C_6H_8O_7 \cdot H_2O$ 分子量＝210.14；0.1 mol/L 溶液为 21.01 g/L。

柠檬酸钠：$Na_3C_6H_5O_7 \cdot 2H_2O$ 分子量＝294.12；0.1 mol/L 溶液为 29.41 g/L。

3. 醋酸-醋酸钠缓冲液(0.2 mol/L)

pH (18℃)	0.2 mol/L NaAc/mL	0.2 mol/L HAc/mL	pH (18℃)	0.2 mol/L NaAc/mL	0.2 mol/L HAc/mL
3.6	0.75	9.35	4.8	5.90	4.10
3.8	1.20	8.80	5.0	7.00	3.00
4.0	1.80	8.20	5.2	7.90	2.10
4.2	2.65	7.35	5.4	8.60	1.40
4.4	3.70	6.30	5.6	9.10	0.90
4.6	4.90	5.10	5.8	6.40	0.60

$NaAc \cdot 3H_2O$ 分子量=136.09;0.2 mol/L 溶液为 27.22 g/L。冰乙酸 11.8 mL 稀释至 1 L(需标定)。

4. 磷酸盐缓冲液磷酸氢二钠-磷酸二氢钠缓冲液(0.2 mol/L)

pH	0.2 mol/L Na_2HPO_4/mL	0.2 mol/L NaH_2PO_4/mL	pH	0.2 mol/L Na_2HPO_4/mL	0.2 mol/L NaH_2PO_4/mL
5.8	8.0	92.0	7.0	61.0	39.0
5.9	10.0	90.0	7.1	67.0	33.0
6.0	12.3	87.7	7.2	72.0	28.0
6.1	15.0	85.0	7.3	77.0	23.0
6.2	18.5	81.5	7.4	81.0	19.0
6.3	22.5	77.5	7.5	84.0	16.0
6.4	26.5	73.5	7.6	87.0	13.0
6.5	31.5	68.5	7.7	89.5	10.5
6.6	37.5	62.5	7.8	91.5	8.5
6.7	43.5	56.5	7.9	93.0	7.0
6.8	49.0	51.0	8.0	94.7	5.3
6.9	55.0	45.0			

$Na_2HPO_4 \cdot 2H_2O$ 分子量=178.05;0.2 mol/L 溶液为 35.61 g/L。

$Na_2HPO_4 \cdot 12H_2O$ 分子量=358.22;0.2 mol/L 溶液为 71.64 g/L。

$NaH_2PO_4 \cdot H_2O$ 分子量=138.01;0.2 mol/L 溶液为 27.6 g/L。

$NaH_2PO_4 \cdot 2H_2O$ 分子量=156.03;0.2 mol/L 溶液为 31.21 g/L。

5. 硼酸-硼砂缓冲液（0.2 mol/L 硼酸根）

pH	0.05 mol/L 硼砂/mL	0.2 mol/L 硼酸/mL	pH	0.05 mol/L 硼砂/mL	0.2 mol/L 硼酸/mL
7.4	1.0	9.0	8.2	3.5	6.5
7.6	1.5	8.5	8.4	4.5	5.5
7.8	2.0	8.0	8.7	6.0	4.0
8.0	3.0	7.0	9.0	8.0	2.0

硼砂：$Na_2B_4O_7 \cdot 10H_2O$ 分子量＝381.43；0.05 mol/L 溶液（等于 0.2 mol/L 硼酸根）含 19.07 g/L。

硼酸：H_3BO_3 分子量＝61.84；0.2 mol/L 的溶液为 12.37 g/L。

硼砂易失去结晶水，必须在带塞的瓶中保存。

6. 碳酸钠-碳酸氢钠缓冲液（0.1 mol/L）（此缓冲液在 Ca^{2+}、Mg^{2+} 存在时不得使用）。

pH		0.1 mol/L Na_2CO_3 /mL	0.1 mol/L $NaHCO_3$ /mL
20℃	37℃		
9.16	8.77	1	9
9.40	9.22	2	8
9.51	9.40	3	7
9.78	9.50	4	6
9.90	9.72	5	5
10.14	9.90	6	4
10.28	10.08	7	3
10.53	10.28	8	2
10.83	10.57	9	1

$Na_2CO_3 \cdot 10H_2O$ 分子量＝286.2；0.1 mol/L 溶液为 28.62 g/L。

$NaHCO_3$ 分子量＝84.0；0.1 mol/L 溶液为 8.40 g。

附录9 常用指示剂

1.酸碱指示剂

序号	名　称	pH变色范围	酸色	碱色	pK_a	浓度
1	甲基紫(第一次变色)	0.13～0.5	黄	绿	0.8	0.1%水溶液
2	甲酚红(第一次变色)	0.2～1.8	红	黄	—	0.04%乙醇(50%)溶液
3	甲基紫(第二次变色)	1.0～1.5	绿	蓝	—	0.1%水溶液
4	百里酚蓝(第一次变色)	1.2～2.8	红	黄	1.65	0.1%乙醇(20%)溶液
5	茜素黄R(第一次变色)	1.9～3.3	红	黄	—	0.1%水溶液
6	甲基紫(第三次变色)	2.0～3.0	蓝	紫	—	0.1%水溶液
7	甲基黄	2.9～4.0	红	黄	3.3	0.1%乙醇(90%)溶液
8	溴酚蓝	3.0～4.6	黄	蓝	3.85	0.1%乙醇(20%)溶液
9	甲基橙	3.1～4.4	红	黄	3.4	0.1%水溶液
10	溴甲酚绿	3.8～5.4	黄	蓝	4.68	0.1%乙醇(20%)溶液
11	甲基红	4.4～6.2	红	黄	4.95	0.1%乙醇(60%)溶液
12	溴百里酚蓝	6.0～7.6	黄	蓝	7.1	0.1%乙醇(20%)
13	中性红	6.8～8.0	红	黄	7.4	0.1%乙醇(60%)溶液
14	酚红	6.8～8.0	黄	红	7.9	0.1%乙醇(20%)溶液
15	甲酚红(第二次变色)	7.2～8.8	黄	红	8.2	0.04%乙醇(50%)溶液
16	百里酚蓝(第二次变色)	8.0～9.6	黄	蓝	8.9	0.1%乙醇(20%)溶液
17	酚酞	8.2～10.0	无色	紫红	9.4	0.1%乙醇(60%)溶液
18	百里酚酞	9.4～10.6	无色	蓝	10	0.1%乙醇(90%)溶液
19	茜素黄R(第二次变色)	10.1～12.1	黄	紫	11.16	0.1%水溶液
20	靛胭脂红	11.6～14.0	蓝	黄	12.2	25%乙醇(50%)溶液

2. 混合酸碱指示剂

序号	指示剂名称	变色点	酸色	碱色	组成	浓度
1	甲基黄	3.28	蓝紫	绿	1∶01	0.1%乙醇溶液
	亚甲基蓝					0.1%乙醇溶液
2	甲基橙	4.3	紫	绿	1∶01	0.1%水溶液
	苯胺蓝					0.1%水溶液
3	溴甲酚绿	5.1	酒红	绿	3∶01	0.1%乙醇溶液
	甲基红					0.2%乙醇溶液
4	溴甲酚绿钠盐	6.1	黄绿	蓝紫	1∶01	0.1%水溶液
	氯酚红钠盐					0.1%水溶液
5	中性红	7	蓝紫	绿	1∶01	0.1%乙醇溶液
	亚甲基蓝					0.1%乙醇溶液
6	中性红	7.2	玫瑰	绿	1∶01	0.1%乙醇溶液
	溴百里酚蓝					0.1%乙醇溶液
7	甲酚红钠盐	8.3	黄	紫	1∶03	0.1%水溶液
	百里酚蓝钠盐					0.1%水溶液
8	酚酞	8.9	绿	紫	1∶02	0.1%乙醇溶液
	甲基绿					0.1%乙醇溶液
9	酚酞	9.9	无色	紫	1∶01	0.1%乙醇溶液
	百里酚酞					0.1%乙醇溶液
10	百里酚酞	10.2	黄	绿	2∶01	0.1%乙醇溶液
	茜素黄					0.1%乙醇溶液

注：混合酸碱指示剂要保存在深色瓶中。

3. 氧化还原指示剂(Redox Indicators)

序号	名称	氧化型颜色	还原型颜色	E_{ind}/V	浓度
1	二苯胺	紫	无色	0.76	1%浓硫酸溶液
2	二苯胺磺酸钠	紫红	无色	0.84	0.2%水溶液
3	亚甲基蓝	蓝	无色	0.532	0.1%水溶液
4	中性红	红	无色	0.24	0.1%乙醇溶液
5	喹啉黄	无色	黄	—	0.1%水溶液
6	淀粉	蓝	无色	0.53	0.1%水溶液
7	孔雀绿	棕	蓝	—	0.05%水溶液
8	劳氏紫	紫	无色	0.06	0.1%水溶液
9	邻二氮菲-亚铁	浅蓝	红	1.06	(1.485 g 邻二氮菲+0.695 g 硫酸亚铁)溶于 100 mL 水
10	酸性绿	橘红	黄绿	0.96	0.1%水溶液
11	专利蓝Ⅴ	红	黄	0.95	0.1%水溶液

注:氧化还原指示剂用于氧化还原法容量分析。上表列出一些在教学和工作中经常使用的部分氧化还原指示剂。

4. 金属指示剂(Complexing Indicators)

序号	名称	浓度	In 本色	MIn 颜色	适用 pH 范围	被滴定离子	干扰离子
1	铬黑 T	与固体 NaCl 混合物(1∶100)	蓝	葡萄红	6.0~11.0	Ca^{2+},Cd^{2+},Hg^{2+},Mg^{2+},Mn^{2+},Pb^{2+},Zn^{2+}	Al^{3+},Co^{2+},Cu^{2+},Fe^{3+},In^{3+},Ni^{2+},Ti(Ⅳ)
2	二甲酚橙	0.5%乙醇溶液	柠檬黄	红	5.0~6.0	Cd^{2+},Hg^{2+},La^{3+},Pb^{2+},Zn^{2+}	—
					2.5	Bi^{3+},Th^{4+}	
3	茜素	—	红	黄	2.8	Th^{4+}	—
4	钙试剂	与固体 NaCl 混合物(1∶100)	亮蓝	深红	>12.0	Ca^{2+}	—

续表

序号	名称	浓度	In本色	MIn颜色	适用pH范围	被滴定离子	干扰离子
5	酸性铬紫B	—	橙	红	4	Fe^{3+}	—
6	甲基百里酚蓝	1%与固体KNO_3混合物	灰	蓝	10.5	Ba^{2+},Ca^{2+},Mg^{2+},Mn^{2+},Sr^{2+}	Bi^{3+},Cd^{2+},Co^{2+},Hg^{2+},Pb^{2+},Sc^{3+},Th^{4+},Zn^{2+}
7	溴酚红	—	红	橙黄	2.0～3.0	Bi^{3+}	—
			蓝紫	红	7.0～8.0	Cd^{2+},Co^{2+},Mg^{2+},Mn^{2+},Ni^{3+}	—
			蓝	红	4	Pb^{2+}	—
			浅蓝	红	4.0～6.0	Re^{3+}	—
8	铝试剂	—	酒红	黄	8.5～10.0	Ca^{2+},Mg^{2+}	—
			红	蓝紫	4.4	Al^{3+}	—
			紫	淡黄	1.0～2.0	Fe^{3+}	—
9	偶氮胂Ⅲ	—	蓝	红	10	Ca^{2+},Mg^{2+}	—

参 考 文 献

[1] 赵士铎. 定量分析简明教程. 北京:中国农业大学出版社,2008.

[2] 王英华. 基础化学实验. 北京:高等教育出版社,2014.

[3] 李华民,等. 基础化学实验操作规范. 北京:北京师范大学出版集团,2017.

[4] 赵士铎. 定量分析实验. 北京:中国农业大学出版社,2008.

[5] 北京大学化学与分子工程学院分析化学教学组. 基础分析化学实验. 北京:北京大学出版社,2010.

[6] 胡伟光. 定量化学分析实验. 3 版. 北京:化学工业出版社,2015.